エンジニア入門シリーズ

設計から強度計算まで学ぶ
歯車の実用設計

［著］

島根大学
李 樹庭

科学情報出版株式会社

はじめに

　機械は使い方に応じてさまざまな形で開発されているが，約9割の機械に歯車が使われている．増・減速運動は機械にとって非常に重要な運動であり，歯車はこの運動を実現させるために必要不可欠な存在である．例えば，車のトランスミッションやデフ機構，新幹線の車輪駆動，産業用ロボットの関節，ヘリコプターの回転翼駆動などに使われている．歯車は機械の運動と動力伝達機構の一部となっているので，その性能と信頼性は機械の性能と信頼性に直接影響を与えている．

　歯車は機械産業の基盤であり，日本経済を支える重要な柱の一本でもあるが，現在，国内における歯車分野に関する研究は非常に厳しい状況に直面している．近年，国内の大学では歯車を研究している研究室が激減しているため，歯車分野の研究が次第にできなくなってきている．この状況が続けば，将来，歯車技術が日本の大学から消滅し，未来の最先端機械を作るために必要な若手人材を育成できなくなる恐れがあるとともに，将来，日本はアメリカのように競争力のある機械製品が作れなくなる可能性が高いと考える．日本経済を持続的に発展させるために，歯車分野における技術伝承と若手人材の育成は非常に重要であり，歯車研究分野に残された難題も解決していかなければならない．

　本書は機械の設計・開発に携わる現場技術者のために作成したものであるが，大学の機械工学科で学ぶ学生にとって，機械設計・製造の即戦力を身に付けるためにとても参考価値のあるものでもある．現在，国内の大学には機械の設計を研究する研究室が殆どなくなり，また機械設計を担当する教員の中に，機械設計の実務を経験した教員が殆どいないので，機械設計に関する正しい考え方及び必要な基本知識を書籍で伝える必要があると感じ，本書の作成を決心した．

　本書の一部分は著者の長年の研究成果及び機械設計に関する実務経験により作成したものである．著者は1982年から西北工業大学（中国）で航空機製造工学，そして1986年から同大学で機械設計工学を学び，更に1989年から1994年までの5年間は同大学の教員として機械設計と機械

要素関連の授業を担当しながら，これらの分野で研究を続けた．西北工業大学は機械工学に関する研究を盛んに行っている大学であり，2024年には，この大学の機械工学分野は U.S.News により世界第三位にランキングされた．この大学で経験した貴重な経験と約30年間の歯車・軸受に関する研究成果を本書に反映し，皆様に機械設計の勉強の一助になれば幸いである．

2024年9月
李 樹庭（りじゅてい）

目　　次

はじめに

第1章　平歯車の設計計算

1.1　基準ラックの断面形状と歯車の歯形設計 ･････････････････････ 4

1.2　一対の平歯車の速比 ･･･････････････････････････････････ 8

1.3　外平歯車の設計計算 ･･･････････････････････････････････ 10

1.4　内平歯車の設計計算 ･･･････････････････････････････････ 13

1.5　外歯車の歯元切下げと歯先尖り現象 ･･････････････････････ 15

1.6　内歯車の干渉チェック ･････････････････････････････････ 18

1.7　外・内平歯車の歯厚管理 ･･･････････････････････････････ 21

1.8　歯車の設計手順及び注意事項 ･･･････････････････････････ 26

1.9　インボリュートスプラインの設計 ･･･････････････････････ 28

第2章　はすば歯車の設計計算

2.1　つる巻き線 ･･･ 35

2.2　はすば歯車の形成原理とかみあい条件 ･･･････････････････ 38

2.3　転位はすば外歯車の設計計算 ･･･････････････････････････ 40

2.4　転位はすば内歯車の設計計算 ･･･････････････････････････ 43

2.5　はすば歯車の歯厚管理 ･････････････････････････････････ 45

　2.5.1　転位はすば外歯車の歯厚寸法管理 ･････････････････ 45

　2.5.2　転位はすば内歯車の歯厚寸法管理 ･････････････････ 47

第3章　平・はすば歯車の歯切りと精度管理

3.1　歯車の歯切り ･･ 51

3.2　歯のセミトッピング・トッピング ･･････････････････････ 53

3.3　歯形修整用基準ラックの設計 ･･････････････････････････ 55

3.4　歯車の加工精度 ･･････････････････････････････････････ 56

第4章　平・はすば歯車の強度計算

4.1　歯元曲げ応力の計算及び曲げ疲労強度の評価 ･･･････････ 63

4.2　歯面ヘルツ応力及び接触強度の評価 ･･･････････････････ 67

4.3　PVT 値及び歯先スコーリング強度の評価 ･････････････ 70

4.4　油膜パラメータの計算 ････････････････････････････････ 71

4.5　歯面摩擦力と摩擦トルクの計算 ･･･････････････････････ 73

4.6　歯車強度と加工・組立誤差及び歯面修整の関係 ･････････ 77

4.7　高歯歯車の強度計算 ･･････････････････････････････････ 80

4.8　接触歯面下の最大せん断応力とその深さ ･･･････････････ 81

4.9　歯車の材料，熱処理と歯面有効硬化層の深さ ･･･････････ 83

第5章　軸及び軸関連部分の強度計算

5.1　軸のねじり強度の計算 ････････････････････････････････ 87

5.2　軸のたわみ及び曲げ強度の計算 ･･･････････････････････ 89

5.3　キー溝の設計及びキーの強度計算 ･････････････････････ 91

5.4　焼き嵌め・圧入による締結の伝達トルク計算 ･･･････････ 93

5.5　インボリュートスプラインの強度計算 ･････････････････ 95

5.6　有限要素法によるスプラインの強度解析 ･･･････････････100

第6章　ボルトの強度と伝達能力の計算

6. 1　ボルトの締め付けトルクと軸力の関係　‥‥‥‥‥‥‥‥‥107

6. 2　ボルトのトルク伝達能力計算　‥‥‥‥‥‥‥‥‥‥‥‥‥109

6. 3　ボルトの強度計算‥‥‥‥‥‥‥‥‥‥‥‥‥‥‥‥‥‥‥112

第7章　軸受の選定及び寿命計算

7. 1　軸受の種類及び特徴‥‥‥‥‥‥‥‥‥‥‥‥‥‥‥‥‥119

7. 2　軸受上の荷重計算‥‥‥‥‥‥‥‥‥‥‥‥‥‥‥‥‥‥122

7. 3　軸受の寿命計算‥‥‥‥‥‥‥‥‥‥‥‥‥‥‥‥‥‥‥125

7. 4　軸受の固定‥‥‥‥‥‥‥‥‥‥‥‥‥‥‥‥‥‥‥‥‥127

7. 5　軸受の予圧‥‥‥‥‥‥‥‥‥‥‥‥‥‥‥‥‥‥‥‥‥130

7. 6　軸受の油膜厚みの計算　‥‥‥‥‥‥‥‥‥‥‥‥‥‥‥131

7. 7　FEM を用いた玉軸受の接触解析　‥‥‥‥‥‥‥‥‥‥133

7. 8　FEM を用いた円筒ころ軸受の接触解析　‥‥‥‥‥‥‥139

第8章　減速機の密封，換気と潤滑

8. 1　オイルシール挿入部の軸とハウジングの設計‥‥‥‥‥‥145

8. 2　オイルシールに関する計算　‥‥‥‥‥‥‥‥‥‥‥‥‥147

　8. 2. 1　オイルシールの抜け力の計算　‥‥‥‥‥‥‥‥147

　8. 2. 2　オイルシールの周速と走る距離の計算　‥‥‥‥147

8. 3　オイルシールの使用条件チェック　‥‥‥‥‥‥‥‥‥149

8. 4　オイルシールの使用図例　‥‥‥‥‥‥‥‥‥‥‥‥‥150

8. 5　O リング溝の設計及び使用例　‥‥‥‥‥‥‥‥‥‥‥152

8. 6　減速機の換気‥‥‥‥‥‥‥‥‥‥‥‥‥‥‥‥‥‥‥154

8. 7　減速機の潤滑‥‥‥‥‥‥‥‥‥‥‥‥‥‥‥‥‥‥‥155

第9章　遊星歯車装置の基礎

9.1　遊星歯車機構のコンセプト図 ・・・・・・・・・・・・・・・・・・・・・・・・・・・・・160
9.2　遊星歯車機構の使い方 ・・・・・・・・・・・・・・・・・・・・・・・・・・・・・・・・・・163
9.3　遊星歯車機構の制限条件 ・・・・・・・・・・・・・・・・・・・・・・・・・・・・・・・166
9.4　遊星歯車機構の分類 ・・・・・・・・・・・・・・・・・・・・・・・・・・・・・・・・・・・170
9.5　不思議遊星歯車機構 ・・・・・・・・・・・・・・・・・・・・・・・・・・・・・・・・・・・173

第10章　遊星歯車装置の力分析

10.1　プラネタリー型遊星歯車装置の力分析 ・・・・・・・・・・・・・・・・・・177
10.2　ソーラ型遊星歯車装置の力分析 ・・・・・・・・・・・・・・・・・・・・・・・・190
10.3　スター型遊星歯車装置の力分析 ・・・・・・・・・・・・・・・・・・・・・・・・197

第11章　外転型トロコイド減速機の設計

11.1　数学的な基礎知識 ・・・・・・・・・・・・・・・・・・・・・・・・・・・・・・・・・・・・205
11.2　外転型サイクロイド減速機の機構学 ・・・・・・・・・・・・・・・・・・・・208
11.3　トロコイド歯車の歯形曲線 ・・・・・・・・・・・・・・・・・・・・・・・・・・・・・211
11.4　AC の求め方 ・・・213
11.5　角度γの求め方 ・・・・・・・・・・・・・・・・・・・・・・・・・・・・・・・・・・・・・・214
11.6　点 A の軌跡の求め方 ・・・・・・・・・・・・・・・・・・・・・・・・・・・・・・・・・216
11.7　ピン中心座標値の求め方 ・・・・・・・・・・・・・・・・・・・・・・・・・・・・・・217
11.8　転がり瞬間中心 C の位置 ・・・・・・・・・・・・・・・・・・・・・・・・・・・・・220
11.9　設計計算例 ・・221

第12章　内転型トロコイド減速機の設計

12.1　内転型トロコイド歯形の形成原理 ・・・・・・・・・・・・・・・・・・・・・・225
12.2　AC の求め方 ・・・228

12. 3	角度γの求め方 ・・・・・・・・・・・・・・・・・・・・・・・・・・・・・・	229
12. 4	点 A の軌跡の求め方 ・・・・・・・・・・・・・・・・・・・・・・・・・	231
12. 5	ピン中心座標値の求め方 ・・・・・・・・・・・・・・・・・・・・・・	232
12. 6	転がり瞬間中心 C の位置 ・・・・・・・・・・・・・・・・・・・・・・	234
12. 7	設計計算例 ・・・・・・・・・・・・・・・・・・・・・・・・・・・・・・・・・・・	235

第13章　トロコイド減速機の強度計算

13. 1	有限要素法による減速機の接触解析 ・・・・・・・・・・・・・・	241
13. 2	歯面の接触強度の計算 ・・・・・・・・・・・・・・・・・・・・・・・・・	243
13. 3	ブッシュの接触強度の計算 ・・・・・・・・・・・・・・・・・・・・・	245
13. 4	センターころの接触強度計算 ・・・・・・・・・・・・・・・・・・・	247

付録

| 付録1：一対の平歯車の設計計算プログラム ・・・・・・・・・・・・・・・・・ | 253 |
| 付録2：歯車及び軸設計の参考図面 ・・・・・・・・・・・・・・・・・・・・・・・・ | 260 |

参考資料 ・・・・・・・・・・・・・・・・・・・・・・・・・・・・・・・・ 266

索引 ・・・・・・・・・・・・・・・・・・・・・・・・・・・・・・・・・・・・・・ 270

著者紹介 ・・・・・・・・・・・・・・・・・・・・・・・・・・・・・・・・・・ 272

第1章

平歯車の設計計算

歯車は機械の減速・増速運動用機械要素として，航空機エンジン，ヘリコプター，新幹線，電車，船舶，車，産業ロボットなどの様々な機械に幅広く利用されているので，歯車装置の設計は機械設計の重要な業務の一つである．図 1.1 の左側と右側にそれぞれ一対の平歯車と一対のはすば歯車の歯のかみあい様子を示している．

　歯車の歯の形状は歯形（はがた）と呼ばれているが，平歯車とはすば歯車の歯形は平面インボリュート曲線であり，傘歯車の理論歯形は球面インボニュート曲線である．インボリュート曲線は円や直線のように単純な式で表現することができなく，また旋盤やフライス盤などの汎用工作機で作れないため，作れるようにするために創成法の原理に基づき，外歯車加工用ホブ盤と内歯車加工用シェーピングマシンなどの専用工作機が開発された．これらの専用工作機を用いて歯を切る加工工程は歯切りと呼ばれている．歯切りに使用される刃物（ホブカッタとピニオンカッタなど）は基準ラックの断面形状により設計・製作されたので，歯車の設計や加工を勉強する前にまず基準ラックの設計に関する基本知識を学ぶ必要がある．

　ホブカッタはホブ盤で外歯車の歯を切るために，そしてピニオンカッタはシェーピングマシンで内歯車の歯を切るために開発された刃物である．

〔図 1.1〕一対の平・はすば歯車の写真

1.1 基準ラックの断面形状と歯車の歯形設計

図1.2に基準ラックの断面形状を示す．図1.2に示すように基準ラックの断面は傾斜角20°の台形に設計されている．この傾斜角は加工された歯車の基準円上における歯面接触点の圧力角となる．転位のない標準平歯車であれば，一対の歯車のかみあいピッチ円は基準円に重なるので，かみあいピッチ円における歯面接触点の圧力角は基準円における歯面接触点の圧力角と同じである．歯車が転位歯車であれば，転位によってかみあいピッチ円は基準円から離れるので，かみあいピッチ円における歯面接触点の圧力角は20°ではなくなる．

一般的に基準ラックの傾斜角は α_c で表されている．"c"は英語の"cutter"（刃物）の意味である．工業製品の規格化のために，$\alpha_c = 20°$ と定まっている．詳細は，Japan Gear Manufacturers Association（JGMA），即ち，日本歯車工業会の規格を参照してほしい．

図1.2において，基準ラックのピッチ線（Pitch Line）は，基準ラックの台形状の歯と歯溝の幅を定義するために使われるものである．図1.2

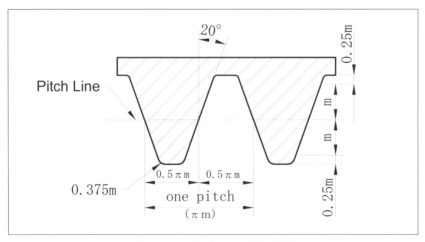

〔図1.2〕基準ラックの断面形状

に示すようにピッチ線上において歯と歯溝の幅は同じであり，両方とも $0.5\pi m$ で設計されている．m は歯車のモジュールである．即ち，ピッチ線は基準ラックの歯と歯溝の幅を決めるために基準線として利用されるものである．また，図1.2に示すようにピッチ線から上方又は下方へ高さ m の台形部分は，歯車の歯末のたけと歯元のたけを加工するために利用されている．更に下方の高さ $0.25m$ の台形部分は歯の頂げき部を加工するために利用されている．上方の高さ $0.25m$ 部分の歯溝は歯車を加工する時に歯車の歯先円をうまく回転させるために必要な空間である．

　加工された外歯車の様子を図1.3に示す．歯の歯形部分はインボリュート曲線であるが，歯元隅肉部（頂げき部）の形状はトロコイド曲線である．これは，この部分は図1.2に $0.375m$ で示す基準ラックの円弧部分により加工されたためである．また歯車の歯先円直径，基準円直径，歯底円直径，歯末のたけと歯元のたけは図1.3に示すような位置で示されている．歯車は転位のない標準歯車であれば，基準円における歯面接触

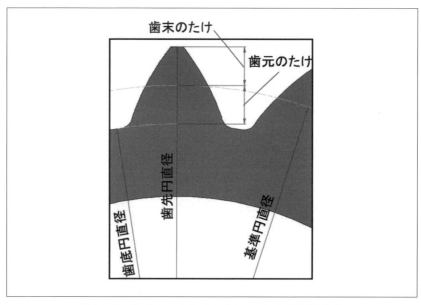

〔図1.3〕ホブカッタにより加工された外歯車の歯

点の圧力角は基準ラックの傾斜角と等しくなる．即ち，圧力角 $\alpha = \alpha_c = 20°$ である．ホブカッタを転位させて歯を切ると，加工された歯車は転位歯車となり，この時，基準円における歯面接触点の圧力角 α は $\alpha = 20°$ であるが，かみあい円における歯面接触点の圧力角はもう 20° ではなくなり，転位係数により算出する必要がある．

図 1.4 はピニオンカッタによりシェーピングされた内歯車の歯の様子を示すものである．内歯車の歯の歯形もインボリュート曲線であり，歯の隅肉部はトロコイド曲線である．外歯車と同じように内歯車は転位のない標準歯車であれば，かみあい円における歯面接触点の圧力角 α は基準ラックの傾斜角となり，即ち，$\alpha = \alpha_c = 20°$ である．内歯車は転位歯車であれば，かみあい円における歯面接触点の圧力角 α は転位係数により算出される．

図 1.5(a) と (b) に外歯車の歯と内歯車の歯をそれぞれ示している．図に示すようにインボリュート曲線の凹面側を歯の肉側とすれば，外歯車の歯となり，インボリュート曲線の凸面側を歯の肉側とすれば，内歯車

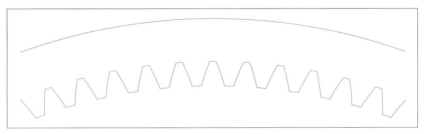

〔図 1.4〕ピニオンカッタにより加工された内歯車の歯

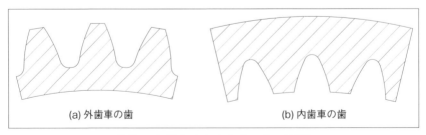

〔図 1.5〕外歯車と内歯車の歯の区別

の歯となる．即ち，外歯車の歯はインボリュート曲線の凸面側，内歯車の歯は同じインボリュート曲線の凹面側で作られている．

1.2 一対の平歯車の速比

図 1.6(a) に一対の外歯車同士がかみあう様子，図 1.6(b) に外歯車と内歯車がかみあう様子を示している．図 1.6 に示すように外歯車と内歯車の歯はそれぞれ，円環の外側（凸面側）と内側（凹面側）に加工されている．歯を円環の外側から切る場合は内側から切る場合より歯が簡単に作れるので，外歯車は内歯車より低価格となり，またホブ切り法が内歯車の歯切りに使えなくなる．

一般的に歯車が機械減速に使用される．この時，小歯車は駆動軸（入力軸），大歯車は被動軸（出力軸）として使用される．小・大歯車の歯数をそれぞれ Z_1 と Z_2，回転速度をそれぞれ n_1 と n_2 とする場合には，一対の歯車の速比 i は駆動歯車の角速度を被動歯車の角速度で除した値で定義される．駆動軸と被動軸の回転は同じ方向であれば，速比 i は正となり，互いに逆方向であれば，速比 i は負となる．従って，図 1.6(a) に示す外歯車の場合には，小・大歯車の回転方向は異なるので，速比は式 (1.1) で計算される．また図 1.6(b) に示す内歯車の場合には，小・大歯車の回転方向は同じなので，速比は式 (1.2) で計算される．速比を歯数の比で表すと，式 (1.3) と式 (1.4) が得られる．

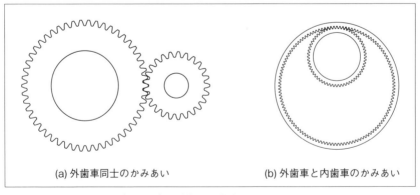

(a) 外歯車同士のかみあい　　(b) 外歯車と内歯車のかみあい

〔図 1.6〕一対の平歯車のかみあい

外歯車同士の場合： 速比 $i = -\dfrac{n_1}{n_2}$ .... (1.1)

外歯車と内歯車の場合： 速比 $i = \dfrac{n_1}{n_2}$ .... (1.2)

外歯車同士の場合： 速比 $i = -\dfrac{Z_2}{Z_1}$ .... (1.3)

外歯車と内歯車の場合： 速比 $i = \dfrac{Z_2}{Z_1}$ .... (1.4)

1.3 外平歯車の設計計算

　一対の外平歯車がかみあう時に歯車各部の寸法は表1.1に示す式で計算される[1-4].

　一般的に一対の歯車は，要求された速比と軸の中心間距離を優先的に満足させるように設計される．従って，一対の歯車の設計は先ず一対の歯車の歯数，モジュール及び転位係数（歯車諸元と呼ばれている）を決める必要がある．これらの諸元が分かれば，表1.1より歯車の各部寸法が計算できるようになる．歯車の歯幅は歯車の強度計算で決まる．計算ミスを防ぐために，歯車の設計計算は一般的にソフトウェアにより行われている．一例として図1.7に筆者が開発したソフトウェアのユーザーフォームを示す[5]．図に示すように左側の「入力」部に必要な歯車諸元を入力し，「計算」というコマンドを押せば，右側の「出力」部に歯車寸法などは即座に計算される．そして設計した歯車の様子は図1.8に示す

〔表1.1〕一対の外平歯車がかみあう時の歯車諸元の計算式[1-4]

歯車諸元	小歯車	大歯車
基準ラックの圧力角	α_c （一般的に $\alpha_c = 20°$）	
モジュール	m	
歯数	z_1	z_2
転位係数	x_1	x_2
かみ合い圧力角	α_w	
かみ合い圧力角 α_w を invα_w から算出（インボリュート関数表使用）	$\text{inv}\,\alpha_w = 2\tan\alpha_c\left(\dfrac{x_1 + x_2}{z_1 + z_2}\right) + \text{inv}\,\alpha_c$	
中心距離増加係数 y	$y = \dfrac{z_1 + z_2}{2}\left(\dfrac{\cos\alpha_c}{\cos\alpha_w} - 1\right)$	
中心距離	$a = \left(\dfrac{z_1 + z_2}{2} + y\right)m$	
基準ピッチ円直径	$d_1 = z_1 m$	$d_2 = z_2 m$
基礎円直径	$d_{b1} = d_1\cos\alpha_c$	$d_{b2} = d_2\cos\alpha_c$
かみあいピッチ円直径	$d_{w1} = \dfrac{d_{b1}}{\cos\alpha_w}$	$d_{w2} = \dfrac{d_{b2}}{\cos\alpha_w}$
歯末のたけ	$h_{a1} = (1 + y - x_2)m$	$h_{a2} = (1 + y - x_2)m$
全歯たけ	$h = 2.25m$	
歯先円直径	$d_{a1} = d_1 + 2h_{a1}$	$d_{a2} = d_2 + 2h_{a2}$
歯底円直径	$d_{f1} = d_{a1} - 2h$	$d_{f2} = d_{a2} - 2h$

－ 10 －

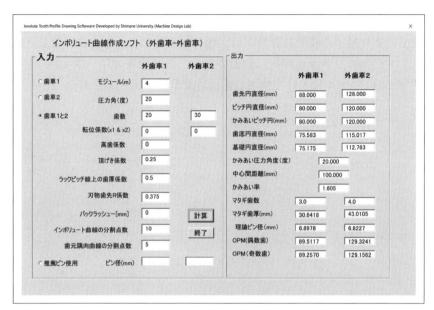

〔図 1.7〕一対の外平歯車の設計計算ソフトのユーザーフォーム

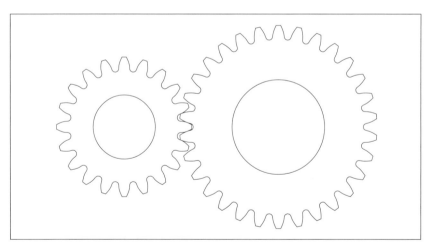

〔図 1.8〕設計した一対の外平歯車

ように AutoCAD のテンプレート上に出図される．このソフトウェアの使用により歯車の設計計算時間は大幅に短縮されたとともに，設計計算にミスが無く，歯車が確実に設計される．設計現場では，表 1.1 に示す式を Excel のセルに入れて歯車の設計計算を行う例もよくある．

1．4　内平歯車の設計計算

　外歯車と内歯車がかみあう時に歯車各部の寸法は表1.2に示す式で計算される．また筆者が開発した設計計算ソフトウェアのユーザーフォーム[5]を図1.9に示す．内歯車の設計計算は外歯車と同じように，ユーザーフォームの「入力」部に必要な歯車諸元を入力し，「計算」というコマンドを押せば，「出力」部に歯車寸法が計算される．設計した内歯車の様子を図1.10に示している．

〔表1.2〕外平歯車と内平歯車がかみ合う場合の設計計算式[1-4]

歯車諸元	小歯車（外平歯車）	大歯車（内平歯車）
基準ラックの圧力角	α_c（一般的に $\alpha_c = 20°$）	
モジュール	m	
歯数	z_1	z_2
転位係数	x_1	x_2
かみ合い圧力角	α_w	
かみ合い圧力角 α_w を $\mathrm{inv}\alpha_w$ から算出（インボリュート関数表使用）	$\mathrm{inv}\alpha_w = 2\tan\alpha_c\left(\dfrac{x_2 - x_1}{z_2 - z_1}\right) + \mathrm{inv}\alpha_c$	
中心距離増加係数 y	$y = \dfrac{z_2 - z_1}{2}\left(\dfrac{\cos\alpha_c}{\cos\alpha_w} - 1\right)$	
中心距離	$a = \left(\dfrac{z_2 - z_1}{2} + y\right)m$	
基準ピッチ円直径	$d_1 = z_1 m$	$d_2 = z_2 m$
基礎円直径	$d_{b1} = d_1 \cos\alpha_c$	$d_{b2} = d_2 \cos\alpha_c$
かみあいピッチ円直径	$d_{w1} = \dfrac{d_{b1}}{\cos\alpha_w}$	$d_{w2} = \dfrac{d_{b2}}{\cos\alpha_w}$
歯末のたけ	$h_{a1} = (1 + x_1)m$	$h_{a2} = (1 - x_2)m$
全歯たけ	$h = (2.25 + y - (x_1 + x_2))m$	
歯先円直径	$d_{a1} = d_1 + 2h_{a1}$	$d_{a2} = d_2 - 2h_{a2}$
歯底円直径	$d_{f1} = d_{a1} - 2h$	$d_{f2} = d_{a2} + 2h$

－ 13 －

1章 平歯車の設計計算

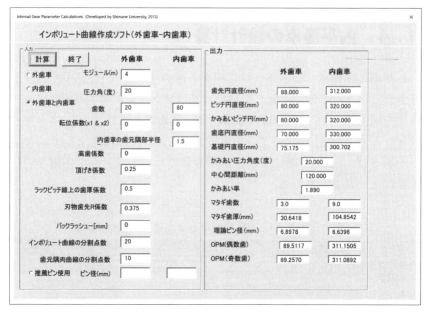

〔図1.9〕外歯車と内平歯車がかみ合う時の設計計算ソフトウェア

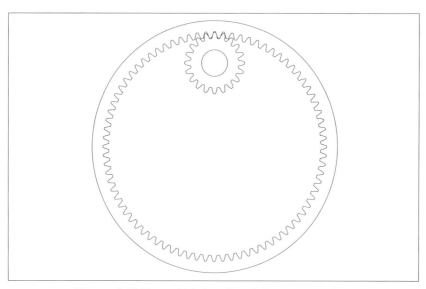

〔図1.10〕設計した外歯車と内平歯車のかみあい様子

1.5 外歯車の歯元切下げと歯先尖り現象

外平歯車を設計する場合には，歯元切下げ（アンダーカット）と歯先尖り現象に注意を払う必要がある．

(1) 歯元切下げ現象

小歯車の歯数は非常に少なく，例えば転位のない標準歯車の歯数 Z＜17 であれば，大歯車の歯先円は小歯車のインボリュート曲線の発生円である基礎円の内部に入ることになる．インボリュート曲線は基礎円から始まり，基礎円の内部には，インボリュート曲線の形成ができないため，大歯車の歯先は小歯車の歯元とかみあい干渉が発生し，この干渉で小歯車の歯元は図 1.11(a) に示すように切下げられる現象が発生する．歯元が切下げられると，図 1.11(a) に示すように歯元は痩せるので，小歯車の歯元曲げ強度が低下するとともに，切下げ部表面の滑り率が大きくなるので，切下げ部表面に激しい摩擦が生じ，その表面は急速に摩耗してしまう．従って，小歯車を設計する際には，歯の切下げ現象を避ける必要がある．

歯の切り下げ現象は歯数と直接に関係している．転位のない標準歯車であれば，切り下げしない最少歯数 Z_{min} は式 (1.5) で計算される．式 (1.5)

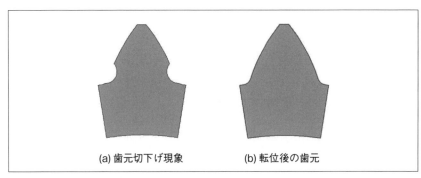

(a) 歯元切下げ現象   (b) 転位後の歯元

〔図 1.11〕歯の歯元切下げ現象と転位対策後の様子

において，h_k は歯末のたけ，α は圧力角度，m はモジュールである．圧力角を変えながら，式 (1.5) で計算した並歯，低歯と高歯歯車の切り下げしない最少歯数 Z_{min} を表 1.3 に示している．

$$\text{切下げしない最小歯数}：Z_{min} = \frac{2h_k}{m\sin^2\alpha} \quad \cdots\cdots\cdots\cdots\cdots (1.5)$$

表 1.3 より，転位のない並歯歯車では，切り下げしない最少歯数を 17 枚以上にする必要があるが，どうしても歯数 17 枚以下で歯車を設計したければ，次に示す三つの対策で切り下げ現象が避けられる．(1) 歯の圧力角度を大きくし，例えば，圧力角度 25°の歯車を使用する．(2) 歯末のたけ h_k を低くし，低歯を使用する．(3) 転位歯車を使用する．一般的に，工業規格により歯の圧力角度は $\alpha = 20°$，歯末のたけは $h_k = m$ に決まっているので，実質に対策 (1) と (2) が安易に使えなくなり，対策 (3) は唯一の選択肢となる．対策 (3) を使用する場合には，必要な最小転位係数 x（正転位）は式 (1.6) で計算される．ここで，Z_1 は小歯車の歯数である．図 1.11(b) は転位により切り下げを無くした歯の様子である．

$$\text{切下げしない最小転位係数}：x \geq 1 - \frac{Z_1}{2}\sin^2\alpha \quad \cdots\cdots\cdots (1.6)$$

(2) 歯先尖り現象

歯車を正転位させることにより，歯元の切り下げが避けられたとともに，歯のかみあい率を増やしたり，歯元を太くしたりすることにより歯元曲げ強度も強くなった．一方，転位係数が大きすぎると，歯車の歯先は図 1.12 に示すように尖ってしまう恐れがある．尖った歯先でかみあうと，歯先の早期破損や歯先でのかみあいによる歯車振動・騒音問題が

〔表 1.3〕標準歯車の切り下げしない最小歯数 Z_{min}

歯の種類	歯末のたけ	圧力角度 α		
		14.5°	20°	25°
並歯歯車	$h_k = m$	31.9	17.1	11.2
低歯歯車	$h_k = 0.8m$	25.5	13.7	9.0
高歯歯車	$h_k = 1.2m$	38.3	20.5	13.4

発生する恐れがある．従って，転位歯車を設計する際には，歯が尖らないように転位係数を適切に決める必要がある．一般的に転位係数は"+0.5"を超えると，歯が尖っているかをチェックする必要がある．このチェックは歯先の歯厚みの理論計算で行われるが，図1.8に示すように設計した歯車の様子をAutoCADのテンプレート上で出図すれば，目視で歯が尖っているかをすぐ確認できる．

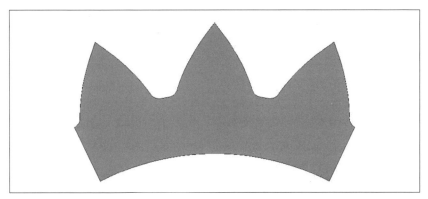

〔図1.12〕歯先尖り現象

☸ 1章　平歯車の設計計算

1.6　内歯車の干渉チェック

　内歯車を設計する場合には，内歯車と外歯車のかみあい及び内歯車と
内歯車の歯切り用ピニオンカッタのかみあいに主に次に示す三つの干渉
が存在する恐れがある．その理由は，内歯車の使用により内歯車の歯と
の内接かみあい現象である．この干渉は内歯車に特有な現象であり，内
歯車を設計する際には，この干渉の有無をチェックしなければならない
ことになる[1-4]．文献 (1-4) の一部内容を引用しながら，三つの干渉現
象を次にまとめて簡単に説明する．

(1) インボリュート干渉
　インボリュート干渉とは外歯車の歯元と内歯車の歯先がかみあう時に
発生する干渉現象を言うことである．一般的に外歯車の歯数が少ない時
に生じやすくなる．この干渉が起きない条件は式 (1.7) で与えられてい
る．

$$\frac{z_1}{z_2} \geq 1 - \frac{\tan \alpha_{a2}}{\tan \alpha_w} \qquad \cdots\cdots\cdots\cdots\cdots\cdots\cdots\cdots\cdots (1.7)$$

ここで，$Z_1 =$ 外歯車の歯数；$Z_2 =$ 内歯車の歯数；$\alpha_{a2} =$ 内歯車の歯先
圧力角；$\alpha_w =$ かみあい圧力角．これらの圧力角はそれぞれ式 (1.8) と式
(1.9) により計算される．

$$\alpha_{a2} = \cos^{-1}\left(\frac{d_{b2}}{d_{a2}}\right) \qquad \cdots\cdots\cdots\cdots\cdots\cdots\cdots\cdots (1.8)$$

$$\alpha_w = \cos^{-1}\left(\frac{(z_2 - z_1)m\cos\alpha}{2a}\right) \qquad \cdots\cdots\cdots\cdots\cdots (1.9)$$

ここで，$m =$ 歯車のモジュール；$d_{b2} =$ 内歯車の基礎円直径；$d_{a2} =$ 内
歯車の歯先円直径；$a =$ 歯車の中心間距離；$\alpha =$ 基準ピッチ円における
圧力角 $(\alpha = 20°)$．

　式 (1.7) が成り立つには，内歯車の歯先円は基礎円よりも大きいこと
が必要である．即ち，式 (1.10) が得られる．

– 18 –

$$d_{a2} \geq d_{b2} \quad \cdots\cdots\cdots\cdots\cdots\cdots\cdots\cdots\cdots\cdots\cdots\cdots \quad (1.10)$$

基準圧力角 $\alpha = 20°$ の標準内歯車においては，$z_2 > 34$ ではなければ，内歯車の歯先円は基準円よりも大きくならないので，標準内歯車を設計する場合には，歯数を 34 枚以上にする必要がある．

(2) トロコイド干渉

トロコイド干渉とは外歯車の歯先が内歯車の歯溝から抜け出る時に，外歯車の歯先と内歯車の歯先が発生した干渉である．内歯車と外歯車の歯数差が少ない時に発生する現象である．

この干渉が起こらないための条件は式 (1.11) で与えられる．

$$\theta_1 \frac{z_1}{z_2} + \mathrm{inv}\ \alpha_w - \mathrm{inv}\ \alpha_{a2} \geq \theta_2 \quad \cdots\cdots\cdots\cdots\cdots\cdots\cdots \quad (1.11)$$

ここで，θ_1 と θ_2 はそれぞれ式 (1.12) と式 (1.13) により計算される．

$$\theta_1 = \cos^{-1}\left(\frac{r_{a2}{}^2 - r_{a1}{}^2 - a^2}{2ar_{a1}}\right) + \mathrm{inv}\ \alpha_{a1} - \mathrm{inv}\ \alpha_w \quad \cdots\cdots \quad (1.12)$$

$$\theta_2 = \cos^{-1}\left(\frac{a^2 + r_{a2}{}^2 - r_{a1}{}^2}{2ar_{a2}}\right) \quad \cdots\cdots\cdots\cdots\cdots\cdots\cdots \quad (1.13)$$

ここで，α_{a1} は平歯車における歯先圧力角であり，次式で与えられる．

$$\alpha_{a1} = \cos^{-1}\left(\frac{d_{b1}}{d_{a1}}\right) \quad \cdots\cdots\cdots\cdots\cdots\cdots\cdots\cdots\cdots \quad (1.14)$$

ここで，$r_{a2} =$ 内歯車の歯先円半径；$r_{a1} =$ 外歯車の歯先円半径；$d_{b1} =$ 外歯車の基礎円直径；$d_{a1} =$ 外歯車の歯先円直径；$a =$ 歯車の中心間距離．

基準圧力角 $\alpha = 20°$ の標準歯車の場合には，歯数差 $(Z_2 - Z_1)$ が 9 以上であれば，トロコイド干渉が起きない．

(3) トリミング干渉

カッタの逃げ干渉とも呼ばれる．ピニオンカッタで内歯車の歯を切る時には，ピニオンカッタは内歯車の半径方向に歯を切り込むと，ピニオ

- 19 -

ンカッタの刃先が内歯車の歯先を切り取ってしまう場合がある．歯車対では，この歯車をかみあわせる場合に小歯車を内歯車に軸方向から入れられても，小歯車を内歯車の中心から半径方向へ移動してかみあわせをさせることができなくなる現象である．この現象は内歯車とピニオンカッタの歯数差が少ない時に見られる．この現象が起きないためには次式を満たす必要がある．

$$\theta_1 + \text{inv } \alpha_{a1} - \text{inv } \alpha_w \geq \frac{Z_c}{Z_b}(\theta_2 + \text{inv } \alpha_{a2} - \text{inv } \alpha_w) \quad \cdots \quad (1.15)$$

ここで，θ_1 と θ_2 はそれぞれ式 (1.16) と式 (1.17) により計算される．

$$\theta_1 = \sin^{-1}\sqrt{\frac{1-\left(\cos\alpha_{a1}/\cos\alpha_{a2}\right)^2}{1-\left(Z_1/Z_2\right)^2}} \quad \cdots\cdots\cdots\cdots\cdots\cdots \quad (1.16)$$

$$\theta_2 = \sin^{-1}\sqrt{\frac{1-\left(\cos\alpha_{a2}/\cos\alpha_{a1}\right)^2}{\left(Z_2/Z_1\right)^2-1}} \quad \cdots\cdots\cdots\cdots\cdots \quad (1.17)$$

1.7　外・内平歯車の歯厚管理

　一対の歯車がかみあいながら，うまく回転できるようにするために，歯と歯の間に適切な隙間（バックラッシー）を与える必要がある[6]．しかし，大きな隙間を与えてしまうと，歯車がかみあう時にガタが大きくなるので，振動しやすくなる．その一方，隙間が小さすぎると，歯がかみあう歯面の反対歯面に干渉が発生し，この干渉でかみあっている歯が振動しやすくなる．従って，歯と歯の間に適切な隙間を与えるために，歯車を加工する時に，歯の厚みをしっかり管理しなければならない．

　歯車を加工する時に，一般的に被加工歯車に少し負転位を与えることにより歯の厚みを少し狭く作り，歯と歯に隙間を与えるようにしている．歯切りの後，与えた隙間は妥当かどうかを調べるために，"マタギ歯厚"や"オーバピン径寸法"という方法で，加工された歯の厚みを測定している．

(1) マタギ歯厚法

　マタギ歯厚法とは図1.13に示すように歯厚マイクロメータを用いて何枚かの歯を跨いでその厚さを測る方法という．測った歯厚はマタギ歯厚と呼ばれ，この測定したマタギ歯厚を理論上で計算したマタギ歯厚と比較すれば，作った歯車にどのぐらいの隙間を与えていたかということが分かる．測定に跨いだ歯の数はマタギ歯数と呼ばれる．マタギ歯数とマタギ歯厚の計算式はそれぞれ式(1.18)と式(1.21)である[1-4]．

マタギ歯数の計算式	$z_k = zK(f) + 0.5$	(1.18)
	$K(f) = \dfrac{1}{\pi}\left(\sec\alpha\sqrt{(1+2f)^2 - \cos^2\alpha} - \text{inv}\alpha - 2f\tan\alpha\right)$	(1.19)
	ただし，$f = x/z$	(1.20)
マタギ歯厚の計算式	$D = m\cos\alpha\left[\pi(z_k - 0.5) + z\times\text{inv}\alpha\right] + 2xm\sin\alpha$	(1.21)

－ 21 －

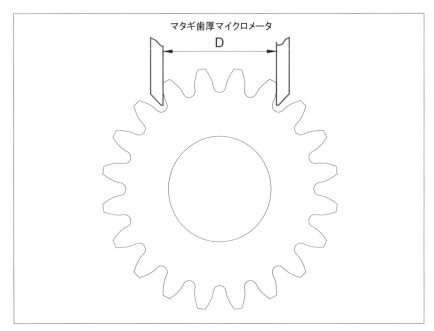

〔図 1.13〕マタギ歯厚法

(2) オーバピン径寸法

内歯車の場合には，歯が円環の内側に作られていたので，マタギ歯厚法が内側に加工された歯の厚みの測定に使えなくなる．代わりに内歯車の歯厚測定のため，オーバピン径寸法が提案された．勿論，この方法は外歯車にも適用できる．

A) 外歯車のオーバピン径寸法測定法：

図 1.14 にオーバピン径寸法を用いて外歯車の歯厚を測定する様子を示す．図に示すように外歯車の歯溝に二本のピンを入れて，これらのピンの間の距離 M_e を測って，理論値と比較することにより，歯が厚く作られたのか又は狭く作られたのかを知ることができる．

偶数歯と奇数歯の歯車があるので，図 1.14(a) に偶数歯の歯厚を測定する様子，そして図 1.14(b) に奇数歯の歯厚を測定する様子を示してい

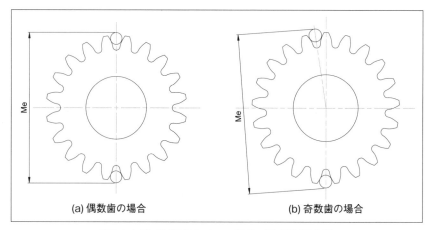

〔図 1.14〕外歯車のオーバピン径寸法測定法

る．測定にはピンだけではなく，玉（ボール）を使っても測定できる．

測定ピン（玉）の置き場所について，標準歯車の場合には，基準円（直径：$d=mz$）上で，転位歯車の場合には，かみあい円（直径：$d+2xm$）上で歯車と接するのが理想である．この時の測定ピンは理想ピンと呼ばれ，理想ピンの直径は式 (1.22) ～式 (1.25) で計算される[1-4]．

外歯車用理想ピンの直径計算式：

歯溝の半角：	$\eta = \left(\dfrac{\pi}{2z} - \mathrm{inv}\alpha\right) - \dfrac{2x\tan\alpha}{z}$	(1.22)
ピンと歯面との接点における圧力角：	$\alpha' = \cos^{-1}\left\{\dfrac{zm\cos\alpha}{(z+2x)m}\right\}$	(1.23)
ピンの中心を通る圧力角：	$\varphi = \tan\alpha' + \eta$	(1.24)
理想ピンの直径：	$d'_p = zm\cos\alpha(\mathrm{inv}\varphi + \eta)$	(1.25)

しかし，理想ピンの直径 d'_p はきりの良くない数値であり，例えば，$d'_p=5.4833\mathrm{mm}$ である場合には，実際にこの直径のピンを精確に作れないため，市販で入手できるピンの使用が薦められている．例えば，5.4833mm を 5.5mm に丸めて，市販されている $d_p=5.5\mathrm{mm}$ のピンを使っ

て測定しかできない．市販ピン d_p で測る場合には，歯車のオーバピン寸法の理論値は式 (1.26) 〜式 (1.29) で計算される[1-4]．

市販ピンを用いた外歯車のオーバピン寸法の計算式：

市販ピンの直径：	d_p	(1.26)
インボリュート関数	$\mathrm{inv}\varphi = \dfrac{d_p}{zm\cos\alpha} - \dfrac{\pi}{2z} + \mathrm{inv}\alpha + \dfrac{2x\tan\alpha}{z}$	(1.27)
オーバピン寸法： （偶数歯数の場合）	$M_e = \dfrac{zm\cos\alpha}{\cos\varphi} + d_p$	(1.28)
オーバピン寸法： （奇数歯数の場合）	$M_e = \dfrac{zm\cos\alpha}{\cos\varphi}\cos\dfrac{90°}{z} + d_p$	(1.29)

B) 内歯車のオーバピン径寸法測定法：

内歯車の場合には，図 1.15 に示すようにピンを内側に入れてオーバピン径寸法を測る．内側に入れたピンはビィトイーンピンとも呼ばれている．図 1.15(a) と (b) はそれぞれ偶数歯と奇数歯の場合のオーバピン径の測定様子である．外歯車と同じようにピンはピッチ円上かみあい円上で内歯車に接するのが理想である．理想ピンの直径は式 (1.30) 〜式

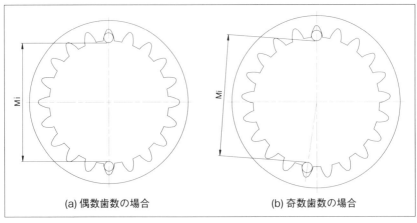

〔図 1.15〕内歯車の場合のオーバピン径寸法

(1.33) で計算される．そして理想ピンの直径 d_p' を参考にして，市販ピンの直径 d_p を決めて，市販ピンで内歯車のオーバピン寸法を測る．内歯車のオーバピン寸法の理論計算式は式 (1.34) ～式 (1.37) までである[1-4]．

内歯車用理想ピン直径の計算式：

歯溝の半角：	$\eta = \left(\dfrac{\pi}{2z} + \text{inv}\,\alpha\right) + \dfrac{2x\tan\alpha}{z}$	(1.30)
ピンと歯面との接点における圧力角：	$\alpha' = \cos^{-1}\left\{\dfrac{zm\cos\alpha}{(z+2x)m}\right\}$	(1.31)
ピンの中心を通る圧力角：	$\varphi = \tan\alpha' - \eta$	(1.32)
理想ピンの直径：	$d_p' = zm\cos\alpha(\eta - \text{inv}\,\varphi)$	(1.33)

市販ピンを用いた内歯車のオーバピン寸法の計算式：

市販ピンの直径：	d_p	(1.34)
φ を $\text{inv}\,\alpha$ から求める	$\text{inv}\,\varphi = \dfrac{d_p}{zm\cos\alpha} - \dfrac{\pi}{2z} + \text{inv}\,\alpha + \dfrac{2x\tan\alpha}{z}$	(1.35)
オーバピン寸法：（偶数歯数の場合）	$M_i = \dfrac{zm\cos\alpha}{\cos\varphi} + d_p$	(1.36)
オーバピン寸法：（奇数歯数の場合）	$M_i = \dfrac{zm\cos\alpha}{\cos\varphi}\cos\dfrac{90°}{z} + d_p$	(1.37)

1.8　歯車の設計手順及び注意事項

　歯車を設計する時には，次に示す手順に従えば，設計時間を短縮させることができる．また設計の際には，次に示す注意事項に気をつけてほしい．

1．歯車の設計計算ソフトを用いて，歯車諸元を先に決める．具体的にまず減速比 i により，小・大歯車の歯数 Z_1 と Z_2 をそれぞれ決める．そして軸中心間距離を決めて，また歯車のモジュールを規格値から選定し，歯車の転移係数を変えながら，軸中心間距離を調整する．

2．歯車の強度計算ソフトを用いて，歯車のモジュールの妥当性を検討しながら，歯車の歯幅を決める．

3．歯車にかかる負荷トルク T により軸の強度を計算し，軸の最小太さを決める．そしてこの最小太さを基準にして，軸に配置予定の軸受，オイルシール及び歯車の取り付けを考慮しながら，軸の形状と寸法を決め，最後に歯車の中央穴の直径とキー溝の寸法を決める．

4．歯車の諸元，歯幅と中央穴の直径が決まれば，大・小歯車の図面をAutoCAD Mechanical で作成する．

5．歯車部品図に歯車の諸元表，加工方法，精度等級要求，（仕様値），マタギ歯数,マタギ歯厚及びマタギ歯厚に対する公差要求を明記し，また熱処理仕様値も明記する．

6．一般的に歯車と軸の締結にキーを使うが，一本のキーで締結力が足りない場合には，焼嵌めかインボリュートスプラインで締結する選択肢がある．

　歯車構造設計時の参考例として図 1.16(a) と図 1.16 (b) に外歯車と内歯車の構造例をそれぞれ示す．

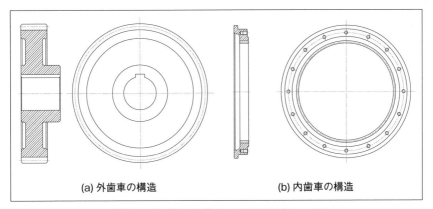

〔図 1.16〕外・内歯車の構造設計の一例

1.9 インボリュートスプラインの設計

　軸をキーで締結する時には，一本のキーで大きなトルクが伝達できない問題がよくある．負荷トルクの伝達能力が不足していれば，インボリュートスプライン（以下，スプラインとする）による締結法が使える．歯車諸元は同じである低歯外平歯車（スプライン軸）と低歯内平歯車（スプライン穴）のはめあいにより，軸と軸を高い位置決め精度で締結することができるとともに，高トルクが伝達できるようになる．

　図1.17にスプラインの断面形状を示している．図1.18は減速機の入力軸に使用したスプライン軸の製品写真である．スプラインの歯形にインボリュート曲線を使用する場合には，このスプラインはインボリュートスプラインと呼ばれる．

　一般的にスプラインの歯は低歯平歯車で設計されている．従って，平歯車の設計・製造技術をそのままスプライン締結に使えるし，スプライン軸とスプライン穴を低コストで作れる．また歯面合わせという位置決め法を用いて，平歯車のマタギ歯厚法やオーバピン径法をスプライン歯の厚み管理に利用すれば，高い位置決め精度で軸を締結することもできる．

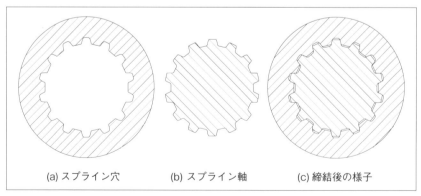

(a) スプライン穴　　(b) スプライン軸　　(c) 締結後の様子

〔図1.17〕インボリュートスプラインの歯形

スプラインに関する規格について，最初に"JIS D 2001 自動車用インボリュートスプライン"[7]というものがあった．この規格にスプラインは圧力角 20°の基準ラックを用いて，+0.8 の転位係数で加工されていた．その後に"JIS B 1602 インボリュートセレーション"という規格[8]が作られ，この規格にスプラインは圧力角 45°の基準ラックを用いて，+0.1 の転位係数で加工されていた．しかし，これらの規格は廃止・改定され，現在"JIS B 1603 インボリュートセレーション"という規格[9]になっている．設計・製造現場では，JIS D 2001 規格がまだ使われている．表1.4 に JIS D 2001 に推薦されたスプラインの設計諸元を示す．またスプライン軸とスプライン穴の設計例をそれぞれ表 1.5 と表 1.6 に示す．表 1.4 に示すように JIS D 2001 規格の場合には圧力角 20°の基準ラックを用いていた．JIS B 1603 には圧力角 30°，37.5°，45°のスプラインを使っている．

　スプライン軸とスプライン穴の呼び方は（呼び径 × 歯数 × モジュール）で表している．大径合わせの場合には，呼び径はスプライン軸の大径（歯先円直径）である．スプラインには"歯先円"と"歯底円"という言葉を使わずに，代わりに"大径円"と"小径円"という用語が用いられている．スプラインの大径円はスプラインの最も外側の面を通る円であり，スプライン軸では歯先円，スプライン穴では歯底円に当たる．一方，スプラインの小径円はスプラインの最も内側の面を通る円であり，スプ

〔図 1.18〕スプライン軸

⚙ 1章 平歯車の設計計算

ライン軸では歯底円，スプライン穴では歯先円に当たる．

　スプライン軸とスプライン穴のはめあいは大径合わせと歯面合わせの二種類があるが，インボリュートスプラインの場合には歯面合わせが多用される．歯面合わせの意味はスプライン軸とスプライン穴の位置決めは歯面の接触により行われるということである．スプライン軸と穴の計算式を表1.7に示す．表1.5と表1.6に示すスプラインの様子を図1.17に示している．

〔表 1.4〕"JIS D 2001" に用いたスプラインの歯形諸元

歯数 Z		6 ～ 40 枚						
モジュール m	第 1 系列	0.5	1	1.25	1.667	2.5	5	10
	第 2 系列	0.75		3.75		7.5		
	第 3 系列	1.5		2	3	4.5		6
基準ラック圧力角度		20°						
転位係数		+0.8						
歯末のたけ		0.4m						
頂げき		0.2m						
位置決め方式		歯面合わせ						

〔表 1.5〕スプライン軸の設計例（41 × 14 × 2.5）

歯数 Z		14
工具	歯形	低歯
	モジュール	2.5
	圧力角	20°
転位係数		+0.8
ピッチ円直径		35 (Z×m)
歯末のたけ		0.4m
歯厚	段階	低歯
	オーバピン径	$39.053^{-0.121}_{-0.204}$（ピン径 φ = 4.5）
	マタギ歯厚（参考）	$12.859^{-0.061}_{-0.118}$（マタギ歯数 = 2枚）

〔表1.6〕スプライン穴の設計例（42.25×14×2.5）

歯数 Z		14
工具	歯形	低歯
	モジュール	2.5
	圧力角	20°
転位係数		+0.8
ピッチ円直径		35 (Z×m)
歯末のたけ		0.4m
歯厚	段階	低歯
	オーバピン径	$39.053^{-0.121}_{-0.204}$（ピン径φ＝4.5）
	マタギ歯厚（参考）	$12.859^{-0.061}_{-0.118}$（マタギ歯数＝2枚）

〔表1.7〕スプライン軸と穴の設計計算

	スプライン軸	スプライン穴
歯数	z	
モジュール	m	
転位係数	x	
呼び径	$d = (z + 2x + 0.4)m$	
大径	歯面合わせの場合： $d_1 = d - 0.2m$ 大径合わせの場合： $d_2 = d$	歯面合わせ・カッタによる場合： $D_1 = d + 0.3m$ 歯面合わせ・ブローチによる場合： $D_1 = d$
小径	$d_r = d - 2.4m$	$D_k = d - 2m$

第2章

はすば歯車の設計計算

2.1 つる巻き線

図 2.1 に示すように直角三角形 ABC の紙片を直径 d の円筒表面に巻き付けると，三角形の斜辺 AB は円筒表面につる巻き線を形成する[10]．図 2.1 において，AC の長さを円周の長さに等しくなれば，点 C に対応する斜辺上の点 B は 1 回巻き終わったところで，つる巻き線では点 A の真上の点となる．距離 BC をつる巻き線のリードという．また AB の傾斜角 γ をリード角または進み角（lead angle）という．γ の余角 β をねじれ角（helix angle）という．図 2.1 により式 (2.1) が得られる．つる巻き線は螺旋とも呼ばれていて，ねじやはすば歯車に利用されている．

$$\tan\gamma = \frac{l}{\pi d} \quad \cdots\cdots\cdots\cdots\cdots\cdots\cdots\cdots\cdots\cdots\cdots\cdots\cdots\cdots\cdots (2.1)$$

円筒の円周方向に θ 角度だけで円筒表面に一部分のつる巻き線を巻き付けた場合には，図 2.2(a) は円筒の軸直角面で円筒を見る時の様子であり，図 2.2(b) は円筒表面に巻き付いた一部分のつる巻き線を平面へ展開した時の様子である．図 2.2(b) に示す直角三角形の斜辺は平面に展開したつる巻き線である．

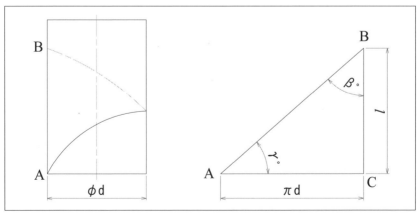

〔図 2.1〕つる巻き線の定義[10]

図 2.2(a) に示すように円筒に巻き付いたつる巻き線は始点 A からスタートし，角度 θ で時計回り，途中点 B に到着した時に，つる巻き線の円筒軸方向に進んだ長さを ξ とする．図 2.2(b) に示す直角三角形において，直辺 AB の長さ a はそれぞれ式 (2.2) と式 (2.3) で計算できるので，この二式により，式 (2.4) が得られる．詳細を次に述べる．

図 2.2(a) に示すように始点 A は円周に沿って点 B まで θ 角を回転した時には，円弧の長さを a とすれば，a は式 (2.2) で求まる．ここで，r は円筒の半径である．

$$a = \theta r \quad \cdots\cdots\cdots\cdots\cdots\cdots\cdots\cdots\cdots\cdots\cdots\cdots\cdots\cdots\cdots (2.2)$$

点 A から点 B までの移動は円筒表面に巻き付けたつる巻き線に沿って行われた場合には，そのつる巻き線を平面へ展開すると，図 2.2(b) に示す直角三角形になる．従って，この直角三角形において，直辺の長さ a は三角関数の関係により式 (2.3) で求まる．ここで，β はつる巻き線のねじれ角である．

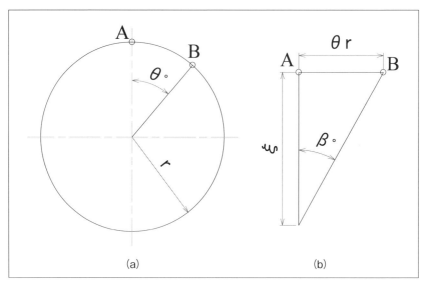

〔図 2.2〕平面に展開したつる巻き線

$$a = \xi \tan \beta \quad \cdots\cdots\cdots\cdots\cdots\cdots\cdots\cdots\cdots\cdots\cdots\cdots\cdots\cdots\cdots (2.3)$$

式 (2.2) を式 (2.3) に代入すれば，角度 θ と円筒母線方向のつる巻き線の長さ ξ の間に式 (2.4) に示す関係が得られる．

$$\theta r = \xi \tan \beta \quad \cdots\cdots\cdots\cdots\cdots\cdots\cdots\cdots\cdots\cdots\cdots\cdots\cdots\cdots (2.4)$$

2.2 はすば歯車の形成原理とかみあい条件

　歯車の場合には，つる巻き線を巻き付けるために用いた円筒を基礎円筒と呼び，また歯車の基準円（ピッチ円）を通る円筒をピッチ円筒と呼ぶ．図2.3に示すように基礎円筒表面に巻き付けたつる巻き線と基礎円筒の母線があり，このつる巻き線をたわませずに巻きつけていった時，つる巻き線により形成された曲面軌跡ははすば歯車の歯面となる．即ち，はすば歯車の歯面はつる巻き線にある点によるインボリュート曲線から構成された線曲面である．一方，図2.3に示す基礎円筒の母線をつる巻き線のようにたわませずに巻きつけていった時にこの母線により形成された軌跡は平歯車の歯面となる．即ち，平歯車の歯面は基礎円筒の母線によるインボリュート曲線から構成された線曲面である．従って，軸直角断面において平歯車の歯形曲線は全く同じインボリュート曲線であるので，平歯車の歯面を軸直角断面において2次元的に表現することができる．一方，はすば歯車の歯面は軸直角断面における多くの二次元平歯車がつる巻きに沿って回転しながら分布していくように形成されたもの

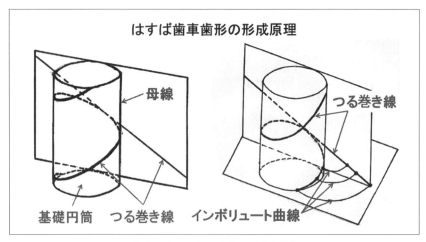

〔図2.3〕はすば歯車の歯面形成

と考えてもよい．従って，はすば歯車の歯面を2次元的に表現することができず，歯すじ方向の形状変化を考慮できる3次元的な表現をしなければならないことになる．

　図2.4に一対のはすば歯車のかみあい様子を示す．一対のはすば歯車をうまくかみあわせるようにするために，次に示す条件を満足させなければならない．
(1) 一対のはすば歯車のモジュールは同じであること
(2) 一対のはすば歯車のねじれ方向は相反であること．例えば，小歯車は左ねじれであれば，大歯車は右ねじれでなければならない．

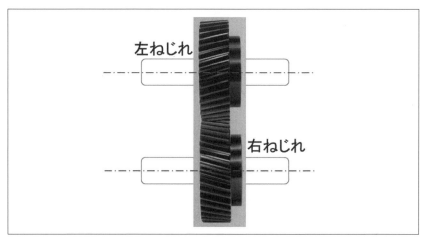

〔図2.4〕一対のはすば歯車のかみあい様子

2章 はすば歯車の設計計算

2.3 転位はすば外歯車の設計計算

　一対のはすば歯車の設計には歯直角方式と軸直角方式という異なる設計法がある．歯直角方式とは歯に直角する断面においてはすば歯車の歯形が設計される方式である．軸直角方式とは軸に直角する断面においてはすば歯車の歯形が設計される方式である．

　歯直角方式はすば外歯車の設計計算式を表2.1に示す．表2.1に示すようにはすば歯車の歯は歯直角モジュール m_n で表現されている．この方式ではすば歯車を設計すると，同じ刃物でねじれ角の異なるはすば歯車も加工できるメリットがあるので，加工コストの面においてこの方式

〔表2.1〕歯直角方式転位はすば外歯車の計算式 [1-4]

歯車諸元	小歯車（外歯車）	大歯車（外歯車）
歯直角圧力角	α_n（一般的に $\alpha_c = 20°$）	
歯直角モジュール	m_n	
基準円筒ねじれ角	β	
歯数	z_1	z_2
歯直角転位係数	x_{n1}	x_{n2}
正面圧力角	$\alpha_t = \tan^{-1}\left(\dfrac{\tan \alpha_n}{\cos \beta}\right)$	
正面かみ合い圧力角 α_{wt} の算出	$\mathrm{inv}\alpha_{wt} = 2 \tan \alpha_n \left(\dfrac{x_{n1} + x_{n2}}{z_1 + z_2}\right) + \mathrm{inv}\alpha_t$	
中心距離増加係数 y	$y = \dfrac{z_1 + z_2}{2 \cos \beta}\left(\dfrac{\cos \alpha_t}{\cos \alpha_{wt}} - 1\right)$	
中心距離	$a = \left(\dfrac{z_1 + z_2}{2 \cos \beta} + y\right) m_n$	
基準ピッチ円直径	$d_1 = \dfrac{z_1 m_n}{\cos \beta}$	$d_2 = \dfrac{z_2 m_n}{\cos \beta}$
基礎円直径	$d_{b1} = d_1 \cos \alpha_t$	$d_{b2} = d_2 \cos \alpha_t$
かみあいピッチ円直径	$d_{w1} = \dfrac{d_{b1}}{\cos \alpha_{wt}}$	$d_{w2} = \dfrac{d_{b2}}{\cos \alpha_{wt}}$
歯末のたけ	$h_{a1} = (1 + y - x_{n2})m_n$	$h_{a2} = (1 + y - x_{n1})m_n$
全歯たけ	$h = (2.25 + y - (x_{n1} + x_{n2}))m_n$	
歯先円直径	$d_{a1} = d_1 + 2h_{a1}$	$d_{a2} = d_2 + 2h_{a2}$
歯底円直径	$d_{f1} = d_{a1} - 2h$	$d_{f2} = d_{a2} - 2h$

－ 40 －

は優れている．従って，この方式のはすば歯車は多用されている．

軸直角方式はすば外歯車の設計計算式を表2.2に示す．表2.2に示すようにはすば歯車の歯は正面モジュール m_t で表現されている．この方式で設計したはすば歯車の歯形は軸直角平面において平歯車の計算式で計算したものと全く同じであるので，この方式のはすば歯車の設計計算式も平歯車と全く同じである．計算式から見れば，この方式のはすば歯車に対する理解は易しくなるが，この方式ではすば歯車を設計すると，歯切りの際には，一種類の歯車は一種類の刃物が必要なので，歯直角方式のように同じ刃物でねじれ角の異なるはすば歯車の歯切りができなくなる．従って，加工コストが高いので，軸直角方式のはすば歯車の利用は歯直角方式と比べると少ないのが現状である．

軸直角転位係数，正面モジュール，正面圧力角と歯直角モジュール，

〔表2.2〕軸直角方式転位はすば外歯車の設計計算式 [1-4]

歯車諸元	小歯車（外歯車）	大歯車（外歯車）
歯直角圧力角	α_t	
歯直角モジュール	m_t	
基準円筒ねじれ角	β	
歯数	z_1	z_2
歯直角転位係数	$x_{t1}(=x_{n1}\cos\beta)$	$x_{t2}(=x_{n2}\cos\beta)$
正面圧力角	$\alpha_t = \tan^{-1}\left(\dfrac{\tan\alpha_n}{\cos\beta}\right)$	
正面かみ合い圧力角 α_{wt} の算出	$\text{inv}\alpha_{wt} = 2\tan\alpha_t\left(\dfrac{x_{t1}+x_{t2}}{z_1+z_2}\right)+\text{inv}\alpha_t$	
中心距離増加係数 y	$y = \dfrac{z_1+z_2}{2}\left(\dfrac{\cos\alpha_t}{\cos\alpha_{wt}}-1\right)$	
中心距離	$a = \left(\dfrac{z_1+z_2}{2}+y\right)m_t$	
基準ピッチ円直径	$d_1 = z_1 m_t$	$d_2 = z_2 m_t$
基礎円直径	$d_{b1} = d_1\cos\alpha_t$	$d_{b2} = d_2\cos\alpha_t$
かみあいピッチ円直径	$d_{w1} = \dfrac{d_{b1}}{\cos\alpha_{wt}}$	$d_{w2} = \dfrac{d_{b2}}{\cos\alpha_{wt}}$
歯末のたけ	$h_{a1} = (1+y-x_{t2})m_t$	$h_{a2} = (1+y-x_{t1})m_t$
全歯たけ	$h = (2.25+y-(x_{t1}+x_{t2}))m_t$	
歯先円直径	$d_{a1} = d_1 + 2h_{a1}$	$d_{a2} = d_2 + 2h_{a2}$
歯底円直径	$d_{f1} = d_{a1} - 2h$	$d_{f2} = d_{a2} - 2h$

2章 はすば歯車の設計計算

歯直角転位係数,歯直角圧力角の変換関係をそれぞれ式 (2.5),式 (2.6) と式 (2.7) に示す.また,設計時間を短縮させるために,図 2.5 に筆者が開発したはすば歯車の設計計算ソフトを示す.

$$x_t = x_n \cos\beta \quad \cdots\cdots\cdots\cdots\cdots\cdots\cdots\cdots\cdots\cdots\cdots\cdots (2.5)$$

$$m_t = \frac{m_n}{\cos\beta} \quad \cdots\cdots\cdots\cdots\cdots\cdots\cdots\cdots\cdots\cdots\cdots\cdots (2.6)$$

$$a_t = \tan^{-1}\left(\frac{\tan\alpha_n}{\cos\beta}\right) \quad \cdots\cdots\cdots\cdots\cdots\cdots\cdots\cdots\cdots (2.7)$$

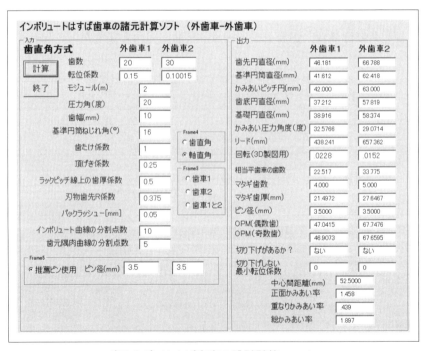

〔図 2.5〕はすば歯車の設計計算ソフト

2.4 転位はすば内歯車の設計計算

　軸直角断面における転位はすば内歯車の形状は転位平内歯車と同じであるので，転位平内歯車の設計計算式を用いて，転位はすば内歯車の設計計算を行うことができる．具体的に歯直角方式で転位はすば内歯車を設計する場合には，まず歯直角方式圧力角度，モジュールと転位係数を軸直角方式圧力角度，モジュールと転位係数に換算した後，転位平内歯車の式に代入すればよいことになる．また軸直角方式で転位はすば内歯車を設計する場合には，圧力角度，モジュールと転位係数をそのまま転位平内歯車の計算式に代入すればよいことになる．

〔表2.3〕歯直角方式転位はすば内歯車の設計計算式 [1-4]

歯車諸元	小歯車 (外歯車)	大歯車 (内歯車)
歯直角圧力角	α_n （一般的に $\alpha_c = 20°$）	
正面圧力角	$\alpha_t = \tan^{-1}\left(\dfrac{\tan\alpha_n}{\cos\beta}\right)$	
歯直角モジュール	m_n	
正面モジュール	$m_t = \dfrac{m_n}{\cos\beta}$	
基準円筒ねじれ角	β	
歯直角転位係数	x_{n1}	x_{n2}
正面転位係数	$x_{t1} = x_{n1}\cos\beta$	$x_{t2} = x_{n2}\cos\beta$
正面かみ合い圧力角 α_w の算出	$\mathrm{inv}\alpha_w = 2\tan\alpha_t\left(\dfrac{x_{t2}-x_{t1}}{z_2-z_1}\right) + \mathrm{inv}\alpha_t$	
中心距離増加係数 y	$y = \dfrac{z_2-z_1}{2}\left(\dfrac{\cos\alpha_t}{\cos\alpha_w}-1\right)$	
中心距離	$a = \left(\dfrac{z_2-z_1}{2}+y\right)m_t$	
基準ピッチ円直径	$d_1 = z_1 m_t$	$d_2 = z_2 m_t$
基礎円直径	$d_{b1} = d_1\cos\alpha_t$	$d_{b2} = d_2\cos\alpha_t$
かみあいピッチ円直径	$d_{w1} = \dfrac{d_{b1}}{\cos\alpha_w}$	$d_{w2} = \dfrac{d_{b2}}{\cos\alpha_w}$
歯末のたけ	$h_{a1} = (1+x_{t1})m_t$	$h_{a2} = (1-x_{t2})m_t$
全歯たけ	$h = 2.25 m_t$	
歯先円直径	$d_{a1} = d_1 + 2h_{a1}$	$d_{a2} = d_2 - 2h_{a2}$
歯底円直径	$d_{f1} = d_{a1} - 2h$	$d_{f2} = d_{a2} + 2h$

⚙ 2章 はすば歯車の設計計算

　歯直角方式と軸直角方式の転位はすば内歯車の計算式をそれぞれ表2.3と表2.4に示す．一般的に内歯車の歯をホブ切りでは加工できず，シェーピングで加工する．シェーピング加工を使うと，歯を一枚ずつしか加工できないため，加工時間がかかり，加工コストも高くなる．従って，内歯車を使わずに機械の機能と性能を満足させることができれば，内歯車の使用は避けるべきである．

〔表2.4〕軸直角方式転位はすば内歯車の設計計算式 [1-4]

歯車諸元	小歯車 (外歯車)	大歯車 (内歯車)
正面圧力角	α_t	
正面モジュール	m_t	
基準円筒ねじれ角	β	
歯数	z_1	z_2
軸直角転位係数	x_{t1}	x_{t2}
正面圧力角	$\alpha_t = \tan^{-1}\left(\dfrac{\tan\alpha_n}{\cos\beta}\right)$	
正面かみ合い圧力角 α_w の算出	$\mathrm{inv}\,\alpha_w = 2\tan\alpha_t\left(\dfrac{x_{t2}-x_{t1}}{z_2-z_1}\right)+\mathrm{inv}\,\alpha_t$	
中心距離増加係数 y	$y = \dfrac{z_2-z_1}{2}\left(\dfrac{\cos\alpha_t}{\cos\alpha_w}-1\right)$	
中心距離	$a = \left(\dfrac{z_2-z_1}{2}+y\right)m_t$	
基準ピッチ円直径	$d_1 = z_1 m_t$	$d_2 = z_2 m_t$
基礎円直径	$d_{b1} = d_1\cos\alpha_t$	$d_{b2} = d_2\cos\alpha_t$
かみあいピッチ円直径	$d_{w1} = \dfrac{d_{b1}}{\cos\alpha_w}$	$d_{w2} = \dfrac{d_{b2}}{\cos\alpha_w}$
歯末のたけ	$h_{a1} = (1+x_{t1})m_t$	$h_{a2} = (1-x_{t2})m_t$
全歯たけ	$h = 2.25 m_t$	
歯先円直径	$d_{a1} = d_1 + 2h_{a1}$	$d_{a2} = d_2 - 2h_{a2}$
歯底円直径	$d_{f1} = d_{a1} - 2h$	$d_{f2} = d_{a2} + 2h$

－ 44 －

2.5 はすば歯車の歯厚管理

2.5.1 転位はすば外歯車の歯厚寸法管理

　平歯車と同じようにはすば歯車の歯厚管理にマタギ歯厚法とオーバピン径寸法を使う．歯直角方式はすば歯車のマタギ歯厚は式 (2.8) ～式 (2.11) で計算される．またオーバピン径寸法は式 (2.17) ～式 (2.19) で計算される．

（1）歯直角方式転位はすば外歯車のマタギ歯厚の計算 [1-4]

またぎ歯数	$$z_k = zK(f,\beta) + 0.5$$	(2.8)
	$K(f,\beta)$ $= \dfrac{1}{\pi}\left[\left(1 + \dfrac{\sin^2\beta}{\cos^2\beta + \tan^2\alpha_n}\right)\sqrt{(\cos^2\beta + \tan^2\alpha_n)(\sec\beta + 2f)^2 - 1}\right.$ $\left. - \mathrm{inv}\alpha_t - 2f\tan\alpha_n\right]$	(2.9)
	ただし，$f = x_n/z$	(2.10)
またぎ歯厚	$W = m_n\cos\alpha_n[\pi(z_k - 0.5) + z \times \mathrm{inv}\alpha_t] + 2x_n m_n \sin\alpha_n$	(2.11)

（2）歯直角方式転位はすば外歯車のオーバピン径寸法の計算 [1-4]

A．理想ピン直径の計算：

相当平歯車の歯数	$$z_v = \dfrac{z}{\cos^3\beta}$$	(2.12)
歯溝の半角：	$$\eta_v = \dfrac{\pi}{2z_v} - \mathrm{inv}\alpha_n - \dfrac{2x_n\tan\alpha_n}{z_v}$$	(2.13)
ピンと歯面との接点における圧力角：	$$\alpha_v' = \cos^{-1}\left(\dfrac{z_v\cos\alpha_n}{z_v + 2x_n}\right)$$	(2.14)
ピンの中心を通る圧力角：	$$\varphi_v = \tan\alpha_v' + \eta_v$$	(2.15)
理想ピンの直径：	$$d_p' = z_v m_n\cos\alpha_n(\mathrm{inv}\varphi_v + \eta_v)$$	(2.16)

⚙ 2章　はすば歯車の設計計算

　実際には理想ピンの直径 d'_p を参考にして，市販ピンの直径 d_p を決めて，市販ピンで歯車のオーバピン寸法を測るようにしている．

B．市販ピンを用いた場合のオーバピン寸法の計算式：

市販ピンの直径：	d_p	
インボリュート関数	$\mathrm{inv}\varphi = \dfrac{d_p}{m_n z \cos\alpha_n} - \dfrac{\pi}{2z} + \mathrm{inv}\alpha_t + \dfrac{2x_n \tan\alpha_n}{z}$	(2.17)
オーバピン寸法：（偶数歯数の場合）	$\mathrm{M} = \dfrac{z m_n \cos\alpha_t}{\cos\beta \cos\varphi} + d_p$	(2.18)
オーバピン寸法：（奇数歯数の場合）	$\mathrm{M} = \dfrac{z m_n \cos\alpha_t}{\cos\beta \cos\varphi} \cos\dfrac{90°}{z} + d_p$	(2.19)

（3）軸直角方式転位はすば外歯車のオーバピン径寸法の計算 [1-4]

A．理想ピン直径の計算：

相当平歯車の歯数	$z_\mathrm{v} = \dfrac{z}{\cos^3\beta}$	(2.20)
歯溝の半角：	$\eta_\mathrm{v} = \dfrac{\pi}{2z_\mathrm{v}} - \mathrm{inv}\alpha_n - \dfrac{2x_t \tan\alpha_t}{z_\mathrm{v}}$	(2.21)
ピンと歯面との接点における圧力角：	$\alpha'_\mathrm{v} = \cos^{-1}\left(\dfrac{z_\mathrm{v} \cos\alpha_n}{z_\mathrm{v} + 2\dfrac{x_t}{\cos\beta}}\right)$	(2.22)
ピンの中心を通る圧力角：	$\varphi_\mathrm{v} = \tan\alpha'_\mathrm{v} + \eta_\mathrm{v}$	(2.23)
理想的なピンの直径：	$d'_p = z_\mathrm{v} m_t \cos\beta \cos\alpha_n (\mathrm{inv}\varphi_\mathrm{v} + \eta_\mathrm{v})$	(2.24)

　理想ピンの直径 d'_p を参考にして，市販ピンの直径 d_p を決めて，市販ピンで歯車のオーバピン寸法を測るようにしている．

市販ピンの直径：	d_p	
インボリュート関数	$\mathrm{inv}\varphi = \dfrac{d_p}{m_t z \cos\alpha_n} - \dfrac{\pi}{2z} + \mathrm{inv}\alpha_t + \dfrac{2x_t \tan\alpha_t}{z}$	(2.25)

－ 46 －

オーバピン寸法： （偶数歯数の場合）	$M = \dfrac{zm_t \cos \alpha_t}{\cos \varphi} + d_p$	(2.26)
オーバピン寸法： （奇数歯数の場合）	$M = \dfrac{zm_t \cos \alpha_t}{\cos \varphi} \cos \dfrac{90°}{z} + d_p$	(2.27)

2.5.2 転位はすば内歯車の歯厚寸法管理

　歯直角方式はすば内歯車のオーバピン寸法 d_m の計算には，まず式 (2.28) により相当平歯車歯数 z_v を算出する．そして相当歯車歯数 z_v を用いて，式 (2.29) 〜式 (2.32) により理想的なピン（玉）径 d'_p を算出するとともに，d'_p に近い市販ピン（玉）径 d_p を決める．最後に d_p により，歯直角方式はすば内歯車のオーバピン寸法 d_m を式 (2.33) 〜式 (2.36) により算出する．詳細について，文献 (4) を参照してほしい.

　軸直角方式のはすば内歯車の場合には，α_t, x_t 及び m_t を式 (2.37) 〜式 (2.39) により，α_n, x_n 及び m_n に換算し，式 (2.23) により φ を計算すればよい．また $\mathrm{inv}\,\varphi$ 及び d_m の計算式はそのまま使用する.

$$z_v = \frac{z}{\cos^3 \beta} \quad \text{.......................................} \quad (2.28)$$

$$\cos \alpha' = \frac{z_v \cos \alpha_n}{z_v + 2x_n} \quad \text{............................} \quad (2.29)$$

$$\frac{\varphi}{2} = \left(-\frac{\pi}{2z_v} - \mathrm{inv}\,\alpha_n \right) - \frac{2x_n \tan \alpha_n}{z_v} \quad \text{....................} \quad (2.30)$$

$$\emptyset = \tan \alpha' + \frac{\varphi}{2} \quad \text{（ラジアン）} \quad \text{....................} \quad (2.31)$$

$$d'_p = z_v m_n \cos \alpha_n \left(-\mathrm{inv}\,\emptyset - \frac{\varphi}{2} \right) \quad \text{............................} \quad (2.32)$$

⚙ 2章　はすば歯車の設計計算

歯直角方式はすば内歯車のオーバピン寸法 d_m の計算式

市販ピンの直径：	d_p	
インボリュート関数 （標準歯車の場合）	$\text{inv}\varphi = \left(\dfrac{\pi}{2z} + \text{inv}\alpha_t\right) - \dfrac{d_p}{m_n z \cos\alpha_n}$	(2.33)
インボリュート関数 （転位歯車の場合）	$\text{inv}\varphi = \left(\dfrac{\pi}{2z} + \text{inv}\alpha_t\right) - \dfrac{d_p}{m_n z \cos\alpha_n} + \dfrac{2x_n \tan\alpha_n}{z}$	(2.34)
オーバピン寸法： （偶数歯数の場合）	$d_m = \dfrac{z m_t \cos\alpha_t}{\cos\varphi} - d_p$	(2.35)
オーバピン寸法： （奇数歯数の場合）	$d_m = \dfrac{z m_t \cos\alpha_t}{\cos\varphi}\cos\dfrac{90°}{z} - d_p$	(2.36)

$$\tan\alpha_n = \tan\alpha_t \cos\beta \quad \cdots\cdots\cdots\cdots\cdots\cdots\cdots\cdots\cdots\cdots \quad (2.37)$$

$$x_n = \frac{x_t}{\cos\beta} \quad \cdots\cdots\cdots\cdots\cdots\cdots\cdots\cdots\cdots\cdots\cdots\cdots \quad (2.38)$$

$$m_n = m_t \cos\beta \quad \cdots\cdots\cdots\cdots\cdots\cdots\cdots\cdots\cdots\cdots\cdots \quad (2.39)$$

第3章

平・はすば歯車の
歯切りと精度管理

3.1 歯車の歯切り

　外歯車の歯は，一般的に図3.1に示すホブカッタと呼ばれる刃物とホブ盤と呼ばれる専用工作機により加工される．ホブ盤は創成法の原理を利用して開発された歯車加工の専用工作機である．ホブカッタの断面形状を図1.2に示している．

　平歯車とはすば歯車は同じホブ盤で加工できる．平歯車の歯を切る時には，ホブカッタの軸中心線は水平方向に対してホブの進み角で傾斜すればよいが，はすば歯車の歯を加工する時には，ホブカッタの軸中心線は水平方向に対して（ホブカッタの進み角＋はすば歯車のねじれ角）を傾斜する必要がある．

　内歯車の歯は円環の内側にあるので，円環の穴直径の制限により図3.1に示すホブカッタを支持するスタントを穴に入れることができなくなる．従って，ホブ切り法は内歯車の歯切りに使えなくなる．内歯車の歯を切るために，ピニオンカッタを用いたシェーピング加工法とシェーピングマシンが開発された．図3.2はピニオンカッタの断面図である．シェーピングマシンも創成法の原理に基づいて開発された歯車の歯切り専用工作機である．内歯車の歯のシェーピングは外歯（ピニオンカッタ）とのかみあい運動（創成運動）を行わせるように実現された．

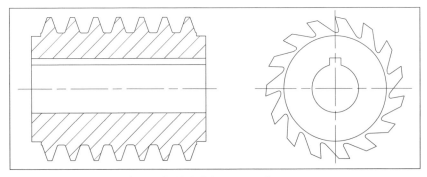

〔図3.1〕外歯車加工用ホブカッタ

シェーピング法は外歯車の歯切りにも利用できる．しかし，シェーピング加工はピニオンカッタの回転運動と上下への往復運動により歯を切るので，ホブ切り法に比べると，歯の加工時間が長く，加工コストも高いが，歯の加工精度はホブ切り法より2～3級ぐらい高くなる．
 以上の歯切り法の他に，歯の研磨，スカイビングとローリングなどの加工法もあるが，ここでは省略する．

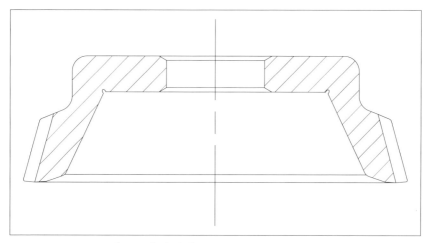

〔図3.2〕内歯車加工用ピオニンカッタ

3.2 歯のセミトッピング・トッピング

図 1.2 はインボリュート歯形を加工するために用いた基準ラックの断面形状である．この基準ラックで歯を切ると，加工された歯の歯先エッジ部（角部）にバリがよく発生するので，このバリを取る必要がある．バリ取りに面取り法が使えるが，歯を一枚ずつ面取りすると，時間と手間が掛かるので，角部のバリを低コストで，かつ簡単に取れる方法の開発が必要となる．そのために歯のセミトッピング加工技術が開発された．即ち，図1.2に示す基準ラックの形状をセミトッピング加工のできるラック形状に変えれば，歯切りの際に歯先角部は同時に面取りされる．

図 3.3(a) はセミトッピング加工用基準ラックの形状である．図に示すように基準ラックの歯元部分は長い直線と異なる傾斜角の短い直線で修正されている．歯切りの際には，この短い直線で歯車の歯先角部を面取りする．歯先角部のみが面取りされる歯切り法はセミトッピング加工と呼ばれる．歯先角部だけではなく，歯先円全体は歯切りで加工される歯切り法はトッピング加工と呼ばれる．セミトッピングとトッピング加工された歯の様子を図 3.3(b) に示している．

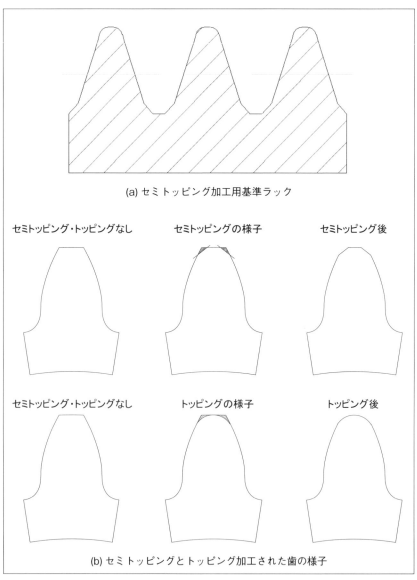

〔図3.3〕歯車のトッピング加工

3.3 歯形修整用基準ラックの設計

　歯のかみあいによる衝撃を減らすために，歯形の歯先部と歯元部の形状を修整する手法が多用されている．歯先部に対する歯形修整は歯先レリービング，同様に歯元部に対する歯形修整は歯元レリービングと呼ばれている．図 3.4 に大きな円弧で歯先部と歯元部の歯形を修整する様子を示している．この歯形修整を簡単に実現するために，基準ラックの直線形状の一部分をセミトッピング加工のように変えればよい．言い換えれば，歯のセミトッピング加工は歯形修整の特例だと言っても過言ではない．

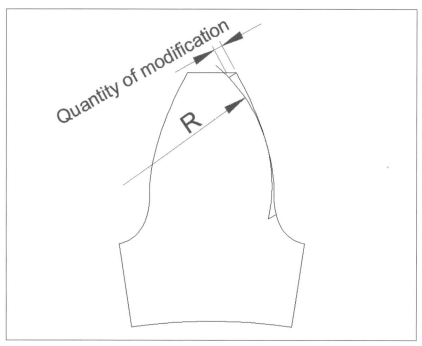

〔図 3.4〕歯先・歯元部の歯形修整

3.4 歯車の加工精度

歯切りの後に歯の加工精度を検査する必要がある．歯の加工精度は歯車の命であるといっても過言ではない．なぜなら，歯の加工精度は歯車の強度，振動・騒音及び位置決め精度に大きな影響を及ぼしているためである．

歯車精度を検査するために，日本歯車工業会（JGMA）は多くの規格を作り，歯の加工精度の検査方法（JIS B1752 平歯車及びはすば歯車の測定方法を参照）を定めたとともに，歯の加工精度の検査項目（JIS B1702 平歯車及びはすば歯車の精度を参照）も決めた．これらの規格によると，加工された歯に対して主に次に示す項目：（1）歯形誤差；（2）歯のピッチ誤差（単一ピッチ，隣接ピッチと累積ピッチ誤差）；（3）歯の歯すじ誤差；（4）歯の歯溝の振れ誤差などの精度検査が要求されている．

図 3.5 と図 3.6 は歯車精度専用測定機で測定した平歯車の歯の加工誤差の検査結果である．また，図 3.7(a)〜3.7(d) に別の平歯車の歯形誤差，歯すじ誤差，単一ピッチ誤差と歯溝の振れ誤差をそれぞれ示している．これらの結果を規格値（JIS B1702 平歯車及びはすば歯車の精度を参照）と比較すると，加工された歯車は合格かどうかを判断できる．

歯車精度の規格値（平歯車・はすば歯車の精度 JIS B 1702-1, JIS B 1702-2）より抜粋したものを表 3.1 に示している．歯車の部品図を作図する際には，規格値を歯車の部品図に明記することが必要である．詳細については付録 2 の図面を参照してほしい．

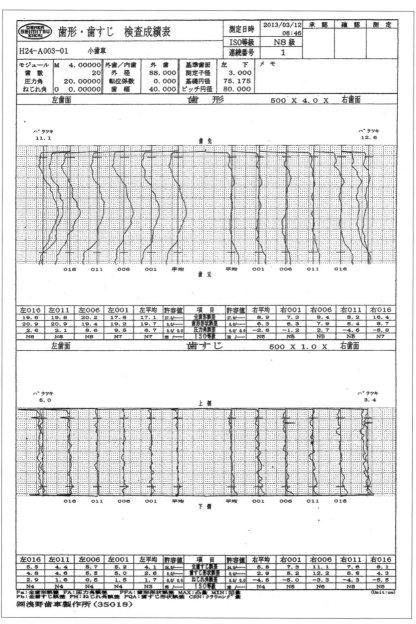

〔図 3.5〕平歯車の歯形と歯すじ誤差の測定結果

3章 平・はすば歯車の歯切りと精度管理

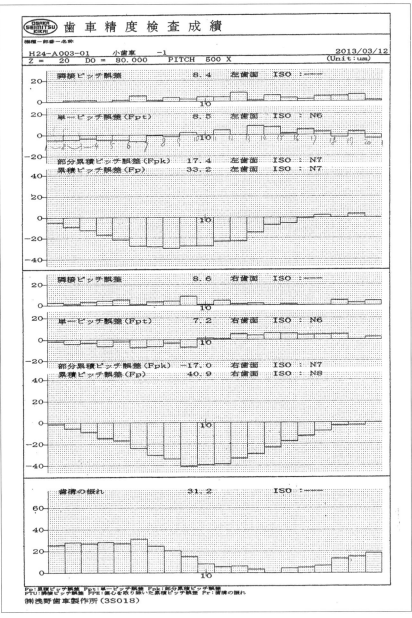

〔図3.6〕ピッチ誤差と歯溝の振れ誤差の測定結果

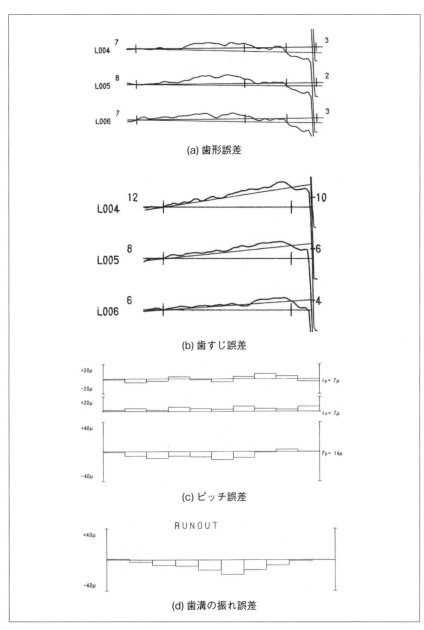

〔図 3.7〕ホブ切り平歯車の歯の加工誤差の測定結果

⚙ 3章　平・はすば歯車の歯切りと精度管理

〔表 3.1〕歯車精度の新 JIS 規格値

基準円直径	モジュール	誤差の許容値	精度等級						
			N4	N5	N6	N7	N8	N9	…
20＜d≦50	0.5＜m≦2	単一ピッチ誤差	3.5	5	7	10	14	20	…
		累積ピッチ誤差	10	14	20	29	41	57	…
		全歯形誤差	3.6	5	7.5	10	15	21	…
		歯溝の触れ	8.0	11	16	23	32	46	…
	2＜m≦3.5	単一ピッチ誤差	3.9	5.5	7.5	11	15	22	…
		累積ピッチ誤差	10	15	21	30	42	59	…
		全歯形誤差	5.0	7	10	14	20	29	…
		歯溝の触れ	8.5	12	17	24	34	47	…
50＜d≦125	0.5＜m≦2	単一ピッチ誤差	3.8	5.5	7.5	11	15	21	…
		累積ピッチ誤差	13	18	26	37	52	74	…
		全歯形誤差	4.1	6	8.5	12	17	23	…
		歯溝の触れ	10	15	21	29	42	59	…
	2＜m≦3.5	単一ピッチ誤差	4.1	6	8.5	12	17	23	…
		累積ピッチ誤差	13	19	27	38	53	76	…
		全歯形誤差	5.5	8	11	16	22	31	…
		歯溝の触れ	11	15	21	30	43	61	…

第4章

平・はすば歯車の強度計算

歯車の疲労破損パターンの中に歯元隅肉部の曲げ疲労破損，歯面の接触疲労破損と歯先・歯元の焼き付き（スコーリング）疲労破損がある．従って，歯車の疲労強度計算には，歯元の曲げ疲労強度，歯面の接触疲労強度と歯先・歯元のスコーリング疲労強度の計算がある．歯元曲げ疲労強度の計算には，歯の引張側の歯元隅肉部30°接線点における表面引張応力を用いる．歯面接触疲労強度の計算には，歯面に発生した面圧（接触応力）を用いる．そして歯先・歯元のスコーリング疲労強度の計算には，歯先・歯元のPVT値を用いる．即ち，歯車の強度計算は歯元最大曲げ応力，歯面最大接触応力及び歯先・歯元のPVTをそれぞれ計算し，許容値と比較すればよいことになる．設計した歯車が壊れないようにするために，計算値は許容値を下回る必要がある．

4.1　歯元曲げ応力の計算及び曲げ疲労強度の評価

　一対の平歯車がかみあう時には，一対の歯のみのかみあい領域において歯たけ方向の最高かみあい位置に歯がかみあう時の歯元隅肉部の曲げ応力が最大となるので，このかみあい位置は一対の平歯車の最悪かみあい位置と呼ばれている．一対の平歯車の歯元曲げ応力の計算は最悪かみ

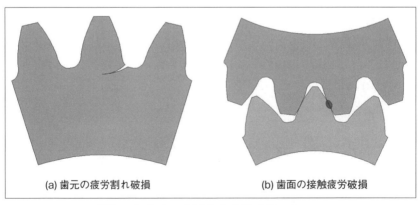

(a) 歯元の疲労割れ破損　　　　(b) 歯面の接触疲労破損

〔図4.1〕歯車の典型的な疲労破損パターン

あい位置で行われる.

　一対のはすば歯車の場合には，かみあい率 ε は $2<\varepsilon<3$ の範囲であれば，二対の歯のみのかみあい領域において歯の最高かみあい位置に歯元隅肉部の曲げ応力が最大となるので，このかみあい位置ははすば歯車の最悪かみあい位置となる．はすば歯車の歯元曲げ応力の計算はこの位置で行われるべきであるが，二対の歯が同時にかみあうので，各対の歯の荷重分担率を前もって知る必要がある．この荷重分担率は簡単に求められないので，かみあい率は 2 を超えたら，最悪かみあい位置が分かったとしても歯元曲げ応力が簡単に計算できない問題がある.

　JGMA は一対の平歯車及びはすば歯車がかみあいピッチ円でかみあう時に生じた歯元曲げ応力を強度評価に用いている．かみあいピッチ円の位置は最悪かみあい位置に近いので，この位置で強度を評価しても，最悪かみあい位置で計算した結果とほぼ一致している[4]．従って，JGMA 法を用いて歯元曲げ応力を計算しても特に問題がない．JGMA 法を用いた歯元曲げ強度の評価の詳細について，「JGMA 401-01 平歯車及びはすば歯車の曲げ強さ計算式」を参照してほしい．ここで JGMA 法を簡単に紹介する.

　歯車の歯形はインボリュート曲線であり，この複雑な形状を精確に考慮した歯元曲げ応力の計算は理論上で困難であるので，JGMA 法は歯を片持ち梁に簡略化し，片持ち梁の固定端側の引っ張り応力の計算式を用いて，歯の歯元曲げ応力を近似的に算出するようにしている.

　一対の平歯車がかみあいピッチ円上でかみあう時には，かみあいピッチ点における円周力 F_t は式 (4.1) で計算される．また歯元曲げ応力 σ_F は式 (4.2) で計算される.

$$F_t = \frac{T}{r_w} \quad\cdots\cdots\cdots\cdots\cdots\cdots\cdots\cdots\cdots\cdots\cdots\cdots\cdots (4.1)$$

　ここで，T は歯車に加わる負荷トルクであり，r_w は歯車のかみあいピッチ円の半径である.

$$\sigma_F = \frac{F_t}{bm\cos\alpha_c} Y_F \quad\cdots\cdots\cdots\cdots\cdots\cdots\cdots\cdots\cdots\cdots (4.2)$$

ここで，b は歯の歯幅，m はモジュールである．α_c は基準ラックの圧力角であり，一般的に $\alpha_c = 20°$ である．また，Y_F は歯形係数であり，JIS B 1701 により，圧力角 20° の並歯歯車の場合には，Y_F は歯数と転位係数を用いて図 4.2 より求まる．

式 (4.2) は歯車が理想なものである前提で使われる．実際には，歯車強度に及ぼす影響が多く，例えば，歯の荷重分担率，加工精度，組立誤差，歯面修整，振動，潤滑剤などがあり，JGMA401-01 はこれらの要因を考慮した歯元曲げ応力の計算式 (4.3) を提案した．式 (4.3) において，歯元曲げ強度に影響を及ぼす多くの要因は影響係数として考慮されてい

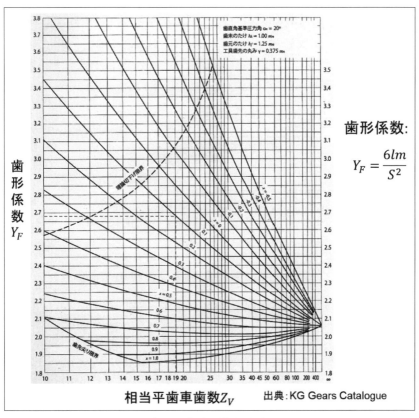

〔図 4.2〕歯形係数図表

4章　平・はすば歯車の強度計算

る．これらの係数は経験的なものが多いので，式 (4.3) で計算した結果も経験的なものとなる．歯元曲げ応力をより精確に求めたい場合には，専用有限要素法を用いた歯車の接触解析[11-15]が必要となる．

歯元曲げ応力の計算式（JGMA401-01）：

$$\sigma_F = \frac{F_0}{bm\cos\alpha_b} Y_F \times Y_\varepsilon \times K_\beta \times \left(\frac{K_V K_O}{K_L K_{FX}} \right) \quad \cdots\cdots\cdots\cdots\cdots (4.3)$$

ここで，Y_ε は荷重分配係数，K_β は切欠き係数，K_O はトルク変動・負荷の種類を考慮した使用係数，K_V は動荷重係数，K_L は歯の片当たり係数である．これらの係数の推薦値は「JGMA401-01」により入手できる．これらの影響を無視する場合には，すべての係数を 1 にすればよい．

歯面荷重分配係数 Y_ε は $Y_\varepsilon = 1/\varepsilon_a$ で計算される．ここで，ε_a は歯車の正面かみあい率である．平歯車の場合には，ε_a は式 (4.4) で計算される．はすば歯車の場合には，ε_a は式 (4.5) で計算される．

$$\varepsilon_a = \frac{\sqrt{r_{k1}^2 - r_{g1}^2} + \sqrt{r_{k2}^2 - r_{g2}^2} - A\sin\alpha_b}{\pi m \cos\alpha_c} \quad （平歯車の場合）$$

$$\cdots\cdots (4.4)$$

$$\varepsilon_a = \frac{\sqrt{r_{k1}^2 - r_{g1}^2} + \sqrt{r_{k2}^2 - r_{g2}^2} - A\sin\alpha_{bs}}{\pi m_s \cos\alpha_{cs}} \quad （はすば歯車の場合）$$

$$\cdots\cdots (4.5)$$

歯元曲げ応力が分かれば，歯の曲げ強度は式 (4.6) で評価される．

$$歯元曲げ疲労強度の判断基準：\sigma_F \leq \frac{\sigma_{Flim}}{S_F} \quad \cdots\cdots\cdots\cdots (4.6)$$

ここで，σ_{Flim} は歯車材料の許容曲げ応力（疲労限度）であり，文献 (1-4) より入手できる．また S_F は安全係数であり，一般的に $S_F = 1.2 \sim 1.25$ である．勿論，S_F は機械の種類や使い方及び顧客要求により変わることもある．

$-$ 66 $-$

4.2 歯面ヘルツ応力及び接触強度の評価

JGMAは一対の平・はすば歯車が基準円上でかみあう時に生じたヘルツ応力を歯面接触疲労強さの評価に使用している．一対の平・はすば歯車の歯面に垂直する総荷重 F_N は式 (4.7) で計算される．

$$F_N = \frac{T}{r_b} \quad \cdots\cdots\cdots\cdots\cdots\cdots\cdots\cdots\cdots\cdots\cdots\cdots\cdots (4.7)$$

ここで，T は歯車の伝達トルクである．r_b は歯車の基礎円半径であり，式 (4.8) で計算される．また r_0 は基準円の半径である．

$$r_b = r_0 \cos\alpha_b \quad \cdots\cdots\cdots\cdots\cdots\cdots\cdots\cdots\cdots\cdots\cdots (4.8)$$

歯車の歯面ヘルツ応力（歯面面圧や接触応力とも呼ばれる）は，ヘルツ式により近似的に計算される．ヘルツ式により，図 4.3 に示す一対の円筒は外力 F で互いに接触する場合には，円筒の接触表面に生じたヘルツ応力は楕円分布となり，接触幅の中心部にヘルツ応力 σ_{max} は最大となり，式 (4.9) で計算される．また接触領域の半幅 b_H（接触楕円の長軸の半分）は式 (4.10) で計算される．式 (4.9) に接触半幅 b_H を代入すると，式 (4.9) は式 (4.11) になる．即ち，σ_{max} は式 (4.11) で計算される．

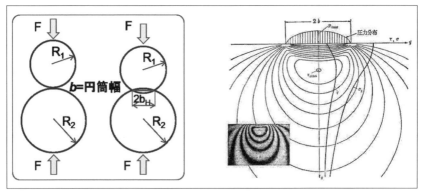

〔図 4.3〕一対の円筒の接触問題及び接触面圧分布[16]

4章 平・はすば歯車の強度計算

最大ヘルツ応力： $\sigma_{max} = \sqrt{\dfrac{1}{\pi}\dfrac{F_N}{b}\dfrac{\dfrac{1}{R_1}+\dfrac{1}{R_2}}{\dfrac{1-v_1^2}{E_1}+\dfrac{1-v_2^2}{E_2}}}$ ……(4.9)

接触半幅： $b_H = \sqrt{\dfrac{4}{\pi}\dfrac{F_N}{b}\dfrac{\dfrac{1-v_1^2}{E_1}+\dfrac{1-v_2^2}{E_2}}{\dfrac{1}{R_1}+\dfrac{1}{R_2}}}$ ……………(4.10)

最大ヘルツ応力： $\sigma_{max} = \dfrac{2}{\pi b_H}\dfrac{F_N}{b}$ …………………(4.11)

ここで，b は円筒の接触幅であり，歯車の場合には，歯車の歯幅に相当する．R_1, R_2 はそれぞれ一対の円筒の半径であり，歯車の場合には，一対の歯車の基準円における曲率半径で近似的に表現されている．R_1, R_2 は式 (4.12) より算出される．E_1, E_2 はそれぞれ一対の歯車の材料のヤング率であり，v_1, v_2 はそれぞれの材料のポアソン比である．r_{01} と r_{02} は小歯車と大歯車の基準円の半径，α_c（一般的に $\alpha_c = 20°$）は基準ラックの圧力角である．

$$R_1 = r_{01}\sin\alpha_c\,; \quad R_2 = r_{02}\sin\alpha_c \quad\text{……………………}(4.12)$$

歯面ヘルツ応力が分かれば，歯車の歯面接触強度は式 (4.13) で評価される．

$$\sigma_{max} \le \frac{\sigma_{Hlim}}{S_H} \quad\text{…………………………………………}(4.13)$$

ここで，σ_{Hlim} は歯面の許容接触応力であり，文献 (1-4) より入手できる．S_H は歯面接触強度を評価するための安全係数である．

歯元曲げ強度の評価と同じように，JGMA は歯面ヘルツ応力に及ぼす多くの要因を影響係数として式 (4.13) に導入し，即ち，ヘルツ応力は式 (4.14) で計算されている．

<u>歯面ヘルツ応力の計算式（JGMA 402-01）</u>：

$$\sigma_H = \sqrt{\frac{F_N}{d_{01}b_H}\frac{i\pm1}{i}\frac{Z_H Z_M Z_\varepsilon Z_\beta}{K_{HL}Z_L Z_R Z_V Z_W K_{HX}}}\sqrt{K_{H\beta}K_V K_0}S_H \quad \cdots \quad (4.14)$$

ここで，Z_H は領域係数，Z_M は材料定数係数，Z_ε はかみあい率数，Z_β はねじれ角係数，Z_L は潤滑油係数，Z_R は粗さ係数，Z_V は潤滑速度係数，Z_W は硬さ比係数，K_{HL} は寿命係数，K_{HX} は寸法係数，$K_{H\beta}$ は歯すじ荷重分布係数，K_V は動荷重係数，K_0 は過負荷係数である．また i は減速比であり，"+"符号は外歯車同志がかみあう，"−"符号は外・内歯車がかみあう場合に用いる．係数の詳細について，「JGMA 402-01 平歯車及びはすば歯車の歯面強さ計算式」を参照のこと．これらの係数の影響を無視したい場合には，すべての係数を 1 にすればよい．

　歯車の歯面を焼入れの熱処理で固くする時には，歯面の有効硬化層の深さを決める必要がある．歯面の有効硬化層の深さは歯面内部の最大せん断応力深さの約 20 倍以上になるように経験的に決められている．従って，表面熱処理時，歯面の有効硬化層を決めるために，歯面内部の最大せん断応力深さを前もって算出する必要がある．最大せん断応力と最大せん断応力深さはそれぞれ式 (4.15) と式 (4.16) で近似的に算出される[17]．

　　　最大せん断応力： $\tau_{max} = 0.295\sigma_{max}$ $\cdots\cdots\cdots\cdots\cdots\cdots$ (4.15)

　　　最大せん断応力の深さ： depth $= 0.78b_H$ $\cdots\cdots\cdots\cdots$ (4.16)

4.3 PVT 値及び歯先スコーリング強度の評価

一対の歯車は歯先・歯元で接触する場合，スコーリング破損する恐れがある．スコーリング強度は PVT 値で評価される．また PVT 値は次に示すように計算される．

小歯車が歯先でかみあう時には，PVT 値は式 (4.17) と式 (4.18) で計算される．

$$\text{小歯車：} \quad PVT_1 = \frac{\pi n_1}{360}\left(1 + \frac{Z_1}{Z_2}\right)(\rho_1 - r_{01}\sin\alpha)^2 P_1 \quad \cdots \ (4.17)$$

$$\text{大歯車：} \quad PVT_2 = \frac{\pi n_1}{360}\left(1 + \frac{Z_1}{Z_2}\right)(\rho_2 - r_{02}\sin\alpha)^2 P_2 \quad \cdots \ (4.18)$$

ここで，n_1 は小歯車の回転数，P_1 と P_2 はそれぞれ小歯車と大歯車の歯先に作用する接触応力，ρ_1 と ρ_2 はそれぞれ小歯車と大歯車の歯先における曲率半径，α は基準円における歯形の圧力角度であり，一般的に $\alpha = 20°$ である．

式 (4.17) と式 (4.18) で計算された PVT 値を許容値と比較し，許容値を下回ると安全，また上回ると不安全だと判断される．PVT の許容値を入手できる文献が非常に少ないが，文献 (17-18) から少し入手できる．

4.4 油膜パラメータの計算

潤滑不良による早期破損を防ぐために，歯車を設計する時には，油膜パラメータの計算を薦める．油膜パラメータの計算は歯車加工精度の決定と潤滑剤の選定にも役立つ．

歯と歯の間の最小油膜厚さ h_{min} の計算は弾性流体潤滑理論[19-20]により式 (4.19) で行われる．式 (4.19) において，(h_{min}/R) は無次元最小油膜厚さである．

$$\frac{h_{min}}{R} = 2.65 \left(\frac{\eta_0 U}{E'R}\right)^{0.7} (\alpha E')^{0.54} \left(\frac{F_N}{E'Rb}\right)^{-0.13} \quad \cdots\cdots\cdots \quad (4.19)$$

$$E' = 2\left(\frac{1-v_1^2}{E_1} + \frac{1-v_2^2}{E_2}\right)^{-1} \quad \cdots\cdots\cdots\cdots\cdots \quad (4.20)$$

$$R = \frac{\rho_1 \rho_2}{\rho_1 + \rho_2} \quad \cdots\cdots\cdots\cdots\cdots\cdots\cdots \quad (4.21)$$

平均速度： $U = (V_1 + V_2)/2 \quad \cdots\cdots\cdots\cdots\cdots\cdots \quad (4.22)$

$$R = \frac{d_1 d_2}{d_1 + d_2} \sin \alpha_b \quad \cdots\cdots\cdots\cdots\cdots\cdots \quad (4.23)$$

$$U = \frac{d_1 \omega_1}{2} \sin \alpha_b \quad \cdots\cdots\cdots\cdots\cdots\cdots \quad (4.24)$$

ここで，η は潤滑油の粘度 (Pa.s) であり，$\eta = \eta_0 e^{ap}$ で計算される．η_0 は大気圧下における入力側温度に対する粘度，α は粘度の圧力係数 (Pa^{-1}) である．E' は等価弾性係数 (Pa) であり，式 (4.20) で計算される．E_1, E_2 は一対の歯車の材料の縦弾性係数，v_1, v_2 は一対の歯車の材料のポアソン比である．R は一対の歯車のかみあい点における相対曲率半径であり，式 (4.21) で計算される．ρ_1 と ρ_2 は一対の歯車のかみあい点における曲率半径である．U は平均速度であり，式 (4.22) で計算される．V_1, V_2 は一対の歯車のかみあい点における速度である．

一対の歯車の場合には，ピッチ点では，d_1 と d_2 はそれぞれの歯車の

- 71 -

4章 平・はすば歯車の強度計算

基準円直径，α_b はピッチ点における圧力角度，ω_1 は歯車 1 の回転角速度であれば，R と U は式 (4.23) と式 (4.24) で計算される．最小油膜厚み h_{min} は計算できたら，油膜パラメータは式 (4.25) で求まる．

$$\text{油膜パラメータ：} \quad \Lambda = \frac{h_{min}}{\sqrt{\sigma_1^2 + \sigma_2^2}} = \frac{h_{min}}{\sigma} \quad \cdots\cdots\cdots\cdots (4.25)$$

$$\text{合成粗さ：} \quad \sigma = \sqrt{\sigma_1^2 + \sigma_2^2} \quad \cdots\cdots\cdots\cdots\cdots\cdots\cdots (4.26)$$

$$\sigma_i = \sqrt{\frac{1}{l_r} \int_0^{l_r} Z^2(x)dx} \quad (i = 1,2) \quad \cdots\cdots\cdots\cdots\cdots (4.27)$$

ここで，σ は一対の歯車のかみ合い位置における合成粗さであり，式 (4.26) より計算される．また σ_1, σ_2 は各表面の自乗平均平方根粗さであり，式 (4.27) より計算される．σ_1 と σ_2 は表面粗度測定機で歯車表面の粗さを測定する際に自動に算出される．

油膜は十分であるかどうかについて，式 (4.28) と式 (4.29) で判断する．

$$\Lambda > 3 \quad \text{「油膜形成が十分」} \quad \cdots\cdots\cdots\cdots\cdots\cdots (4.28)$$

$$\Lambda < 1 \quad \text{「油膜形成が不十分」} \quad \cdots\cdots\cdots\cdots\cdots (4.29)$$

4.5 歯面摩擦力と摩擦トルクの計算

歯車の歯面摩擦係数は歯のかみあい位置により変わり，その主な要因は歯のかみあい位置により歯面の粗さと相対すべり速度が変わるためであると言われている．歯車の性能（振動・効率など）に及ぼす歯面摩擦力の影響を調べるために，各かみあい位置における歯面摩擦力の計算が必要であるが，この計算は容易ではないため，筆者が歯車研究の際に用いた歯面摩擦力の計算法を次に紹介する．

図4.4は軸直角面（正面）で見た一対の歯車（平・はすば）の歯のかみ

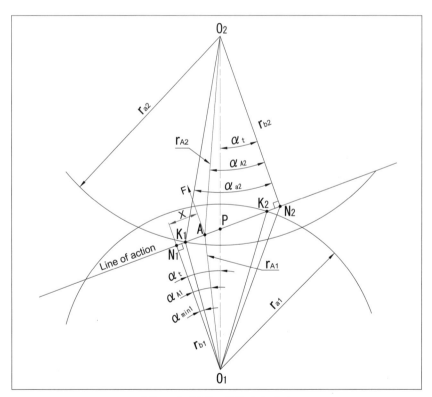

〔図4.4〕歯面の摩擦力と方向

4章 平・はすば歯車の強度計算

あい様子を示すものである．図 4.4 において，点 O_1 と O_2 はそれぞれ歯車 1（駆動歯車, 小歯車）と歯車 2（被動歯車, 大歯車）の回転中心であり，点 N_1 と N_2 を通る直線は歯車の作用線であり，また点 N_1 と N_2 はそれぞれ点 O_1 と O_2 から作用線へ引いた垂線の足である．点 K_1 は作用線 $N_1 N_2$ 上の歯のかみあい開始点であり，K_2 は作用線 $N_1 N_2$ 上の歯のかみあい終了点である．$K_1 K_2$ は歯のかみあい長さと呼ばれている．r_{a1} と r_{b1} はそれぞれ歯車 1 の歯先円と基礎円の半径であり，r_{a2} と r_{b2} はそれぞれ歯車 2 の歯先円と基礎円の半径である．まず図 4.4 に示すように一対の歯車が作用線上の任意点 A でかみあうと仮定する．$\angle AO_1 N_1 = \alpha_{A1}$ を点 A でかみあう時の歯車 1 のかみあい角度と呼び，同じように $\angle AO_2 N_2 = \alpha_{A2}$ を点 A でかみあう時の歯車 2 のかみあい角度と呼ぶ．点 P は一対の歯車のピッチ点である．点 K_1 は歯車 2 の歯先円と作用線の交点であるため，点 K_1 は一対の歯車のかみあい開始点となる．従って，$\angle K_1 O_1 N_1 = \alpha_{min1}$ はかみあい開始点 K_1 でかみあう時の歯車 1 の最小かみあい角度でもある．

　歯車の歯面荷重は歯車の作用線に沿って発生するので，歯面の摩擦力は歯面接触点の接線方向，即ち，歯面荷重の直角方向になる．歯車の歯面荷重を N，歯面摩擦力を f，歯面摩擦係数を μ とする場合には，歯面の摩擦力は式 (4.30) で求まる．従って，任意点 A における摩擦力は式 (4.31) で求まる．ここで，N_A, μ_A と f_A はそれぞれ点 A における歯面荷重，摩擦係数と歯面摩擦力である．各かみあい位置における歯面荷重は専用三次元有限要素法を用いた一対の歯車の接触解析により求められる[11-15]．摩擦係数について，次に示すように Buckingham の経験式[21]，Benedict らの経験式[21] と松本の経験式[22] がある．

$$f = N\mu \quad \cdots\cdots\cdots\cdots\cdots\cdots\cdots\cdots\cdots\cdots\cdots\cdots\cdots\cdots \quad (4.30)$$

$$f_A = N_A \mu_A \quad \cdots\cdots\cdots\cdots\cdots\cdots\cdots\cdots\cdots\cdots\cdots\cdots \quad (4.31)$$

Buckingham の経験式：$f = 0.05 e^{-0.125 V_s} + 0.002 \sqrt{V_s}$

$$\cdots\cdots \quad (4.32)$$

－ 74 －

Benedictらの経験式： $f = 0.0127\log\left(45.94\dfrac{W}{F}\mu_0 V_s V_R^2\right)$

…… (4.33)

松本の経験式： $f = f_L(1-\alpha) + f_S\alpha$ ……………… (4.34)

摩擦力が計算できたら，歯面の摩擦トルクは次に示すように計算される．図4.4において，点Aから点N_1までの距離をxとすれば，この距離は$x=AK_1+K_1N_1$で計算される．従って，駆動歯車（歯車1）と被動歯車（歯車2）の摩擦トルクはそれぞれ式(4.35)と式(4.36)で求まる．

$T_{f1} = f_A x$ ……………………………………………… (4.35)

$T_{f2} = f_A(N_1 N_2 - x)$ ……………………………… (4.36)

歯面摩擦係数を求める時には，時々歯面接触点における相対すべり速度を求める必要があるので，次に歯面かみあい点における相対すべり速度の計算法を紹介する．

図4.5に示すように一対の平歯車が任意点Aでかみあう時には，駆動

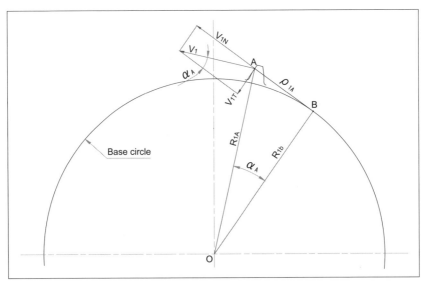

〔図4.5〕歯面の接触点のすべり速度の計算法

◎ 4章 平・はすば歯車の強度計算

歯車と被動歯車の周速度はそれぞれ式 (4.37) と式 (4.38) で求まる

$$V_1 = \frac{2\pi R_{1A}}{60} n_1 \quad \cdots\cdots\cdots\cdots\cdots\cdots\cdots\cdots\cdots\cdots\cdots \quad (4.37)$$

$$V_2 = \frac{2\pi R_{2A}}{60} n_2 \quad \cdots\cdots\cdots\cdots\cdots\cdots\cdots\cdots\cdots\cdots\cdots \quad (4.38)$$

ここで，R_{1A} と R_{2A} はそれぞれ点 A における駆動歯車と被動歯車の半径（単位：m）であり，n_1 と n_2 はそれぞれ点 A における駆動歯車と被動歯車の回転数（単位：rpm）である．V_1 と V_2 を点 A における歯面接線方向と法線方向に分解すると，式 (4.39) ～式 (4.42) が得られる

$$V_{1T} = V_1 \sin \alpha_{A1} \quad \cdots\cdots\cdots\cdots\cdots\cdots\cdots\cdots\cdots \quad (4.39)$$

$$V_{1N} = V_1 \cos \alpha_{A1} \quad \cdots\cdots\cdots\cdots\cdots\cdots\cdots\cdots\cdots \quad (4.40)$$

$$V_{2T} = V_2 \sin \alpha_{A2} \quad \cdots\cdots\cdots\cdots\cdots\cdots\cdots\cdots\cdots \quad (4.41)$$

$$V_{2N} = V_2 \cos \alpha_{A2} \quad \cdots\cdots\cdots\cdots\cdots\cdots\cdots\cdots\cdots \quad (4.42)$$

従って，接触点 A における相対すべり速度は式 (4.43) で求まる．

$$V_S = V_{1T} - V_{2T} = \frac{2\pi R_{1A}}{60} n_1 \sin \alpha_{A1} - \frac{2\pi R_{2A}}{60} n_2 \sin \alpha_{A2}$$
$$\cdots\cdots \quad (4.43)$$

式 (4.43) において，半径 R_{1A} と曲率半径 ρ_{1A} の間に，また半径 R_{2A} と曲率半径 ρ_{2A} の間に式 (4.44) と式 (4.45) で示す関係が成立つので，曲率半径を用いて，相対すべり速度を求める場合には，式 (4.43) は式 (4.46) になる．

$$\rho_{1A} = R_{1A} \sin \alpha_{A1} \quad \cdots\cdots\cdots\cdots\cdots\cdots\cdots\cdots \quad (4.44)$$

$$\rho_{2A} = R_{2A} \sin \alpha_{A2} \quad \cdots\cdots\cdots\cdots\cdots\cdots\cdots\cdots \quad (4.45)$$

$$V_S = \frac{2\pi \rho_{1A}}{60} n_1 - \frac{2\pi \rho_{2A}}{60} n_2 = \frac{2\pi}{60} (\rho_{1A} n_1 - \rho_{2A} n_2) \quad \cdots\cdots \quad (4.46)$$

– 76 –

4.6 歯車強度と加工・組立誤差及び歯面修整の関係

　歯車の振動・騒音を低減させるために，歯車の歯面に対して，図 4.6(a) に示すように歯形を修整したり，また図 4.6(b) と (c) に示すように歯すじレリービングとクラウニングを施したりすることがよくある．これらの歯面修整を行う場合には，歯面面圧分布，歯面下のせん断応力分布及び歯元隅肉部の曲げ応力分布は修整量により大きく変わる．これらの応力分布を理論上で求めることが極めて困難なので，筆者が長い時間の研究を重ねてこれらの応力分布を解析できる専用有限要素法及びソフトウェアを開発した．開発した専用ソフトウェアで解析した歯面面圧分布の結果[11-15]を図 4.7 に紹介する．

　図 4.7(a) は加工誤差，組立誤差と歯形修整のない一対の理想平歯車の歯面面圧分布である．図 4.7(a) の横軸は平歯車の歯すじ方向の寸法であり，縦軸は幾何学的なかみあい線を中央とする歯形方向に沿う接触点の位置を表すものである．図に示すように理想平歯車の歯面面圧は歯すじに沿って均一に分布していることが分かる．

　図 4.7(b) は図 4.7(a) に示す歯車に対して図 4.6(a) に示すように歯形修整を施した場合の歯面面圧分布である．図 4.7(b) に示すように面圧

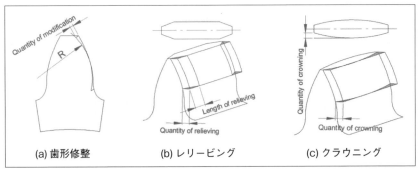

〔図 4.6〕平歯車の歯面修整

4章 平・はすば歯車の強度計算

分布の中心は幾何学的なかみあい線から離れていることが分かる．図4.7(c) と (d) は図4.7(a) に示す歯車に対して図4.6(b) に示すように歯すじレリービングを施した場合の歯面面圧分布である．図4.7(c) はレリービング直線と歯すじの交差点部を円弧でスムージングしない場合の歯面面圧分布であり，図に示すように交差点部にエッジロードが発生していることが分かる．この交差点部を円弧でスムージングすれば，図4.7(c)

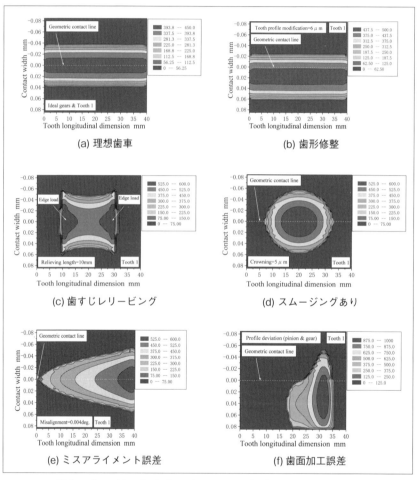

〔図4.7〕一対の平歯車の歯面面圧分布（面圧単位：MPa）

の面圧分布は図 4.7(d) のような楕円分布になり，即ち，エッジロードがなくなっていることが分かる．

　また実際の歯車には組立誤差と加工誤差があるので，これらの場合の歯面面圧分布をそれぞれ図 4.7(e) と図 4.7(f) に示している．図 4.7(e) は歯車にミスアライメント誤差がある場合の面圧分布であり，図 4.7(f) は歯車に加工誤差がある場合の面圧分布である．図 4.7 より，歯車強度に及ぼす歯面修整，加工精度と組立精度の影響が大きいことが分かる．

4.7 高歯歯車の強度計算

歯末のたけは1モジュールを上回るように歯が高く設計された歯車は高歯歯車と呼ばれる．平歯車の振動・騒音低減対策に利用されている．高歯歯車の強度計算について，前述のように JGMA は荷重分配係数 $Y_\varepsilon (=1/\varepsilon_a)$，ISO 規格は "Contact ratio factor" を導入するように歯車強度に及ぼす歯のかみあい率の影響を考慮しているが，この考え方は厳密的なものではないので，高歯歯車の強度を精確に計算することが難しいとされている．高歯歯車の強度を精確に解析できるようにするために筆者は専用有限要素法ソフトを開発した[13]．この専用ソフトを使えば，高歯歯車の歯面面圧，歯面下のせん断応力及び歯元隅肉部の曲げ応力が精確に計算できる．図 4.8 は三対の歯が同時にかみあう高歯歯車の各歯の歯面面圧と歯面引張応力の分布図である．図 4.8 に示す結果の詳細説明は文献 (13) を参照のこと．

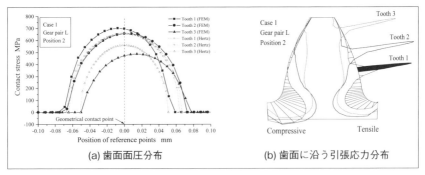

〔図 4.8〕一対の高歯平歯車の歯面面圧と歯面引張応力の分布

4.8　接触歯面下の最大せん断応力とその深さ

　図4.9は一対の理想平歯車は最悪かみあい位置でかみあう時に歯すじ中点の歯断面におけるせん断応力の分布図である．図に示すように接触点付近の歯面下に最大せん断応力が存在していることが分かる．図4.9は筆者が開発した専用有限要素法（FEM）で解析した結果であるが，最大せん断応力とその深さを式(4.15)と式(4.16)で求めることも可能である．図4.10と図4.11にFEM結果とヘルツ式による結果の比較を示している．図に示すように二者がほぼ一致していることが分かる．しかし歯面修整や加工誤差と組立誤差を考慮した場合には，ヘルツ式が適用できなくなり，専用FEMでしか解析できない問題が残っている．

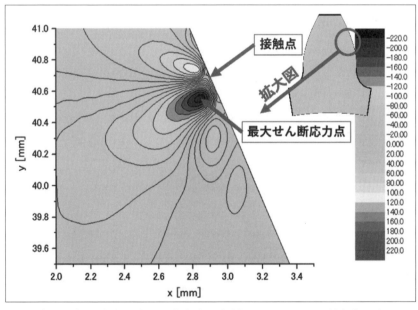

〔図4.9〕平歯車の歯すじ中央点の歯断面におけるせん断応力分布

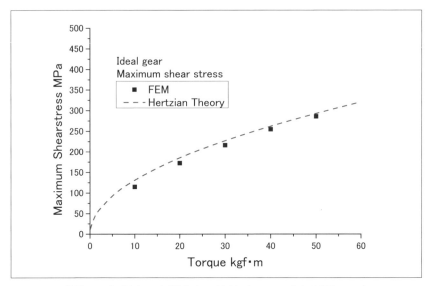

〔図 4.10〕最大せん断応力の比較（ヘルツ式と専用 FEM）

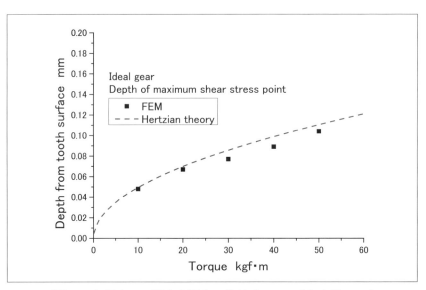

〔図 4.11〕最大せん断応力深さの比較（ヘルツ式と専用 FEM）

4.9 歯車の材料，熱処理と歯面有効硬化層の深さ

　歯車構造を設計した後に歯車の材質と熱処理法を考える必要がある．歯の加工性と歯芯部の靱性を考えると，炭素の低い合金鋼を歯車材として選定すべきであるが，歯面の耐圧性と耐摩耗性を考えると，歯面を硬くする必要ある．即ち，歯車を簡単に作れるようにする必要があるとともに，歯面に高い硬度を持たせる必要もある．このような要求を満たすために，低炭素鋼＋歯面熱処理で歯車を作ればよい．そして低炭素鋼の焼き入れ性を向上させるために，合金鋼の使用が必要である．従って，歯車材として一般的によく利用されているのはSCM415〜SCM435のような低炭素合金鋼である．トロコイド歯形を用いたサイクロイドギヤの場合には，この歯車の歯たけが低いので，歯元曲げ疲労破損の発生が殆どなく，歯の芯部に靱性を与える必要がなくなる．従ってSUJ2＋高周波焼き入れでこの歯車が作られているケースもある．この場合には，浸炭や窒化のような熱処理法を使わないため，表面硬化処理に必要な時間とコストが大幅に削減できる．

　歯車の歯面硬化処理に歯面浸炭焼き入れ，真空浸炭焼き入れ，窒化，浸炭窒化と高濃度浸炭などの方法がある．歯面の有効硬化層深さは518HVか520HVで定まっている．図4.12は筆者が専用三次元有限要素法で解析した一対の理想平歯車の歯面下せん断応力とせん断応力深さの関係を示す無次元結果である．横軸は歯面からの無次元深さであり，歯面下計測点の深さを最大せん断応力深さで除したものである．縦軸は歯面下の無次元せん断応力であり，歯面下計測点のせん断応力を最大せん断応力で除したものである．

　図4.12より，最大せん断応力深さの10倍の位置にせん断応力は最大せん断応力の約1/5になっていることが分かる．即ち，理想歯車に近い研磨加工された高精度歯車を考えると，歯面熱処理時の有効硬化層深さは最大せん断応力深さの10倍以上であれば，十分であろう．しかし，歯車の加工誤差，組立誤差と歯面修整を考えると，歯面の局部に面圧と

せん断応力集中の可能性があるので，歯面熱処理時の有効硬化層深さは深くなる必要があると考えられる．歯車の加工誤差，組立誤差と歯面修整を考慮した場合の歯面熱処理有効硬化層深さの決め方について，文献(23)を参考してほしい．

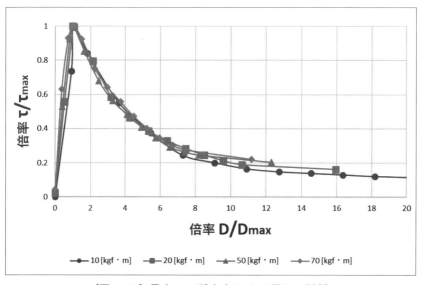

〔図4.12〕最大せん断応力とその深さの関係

第5章

軸及び軸関連部分の
強度計算

軸を設計する時には，軸のねじり疲労強度と曲げ疲労強度を計算する必要がある．細長い軸に大きなアキシアル荷重が作用している場合は，軸の座屈強度も計算する必要がある．しかし一般に細長い軸は機械にあまり使用されないので，軸の座屈強度を計算することは少ない．従って，本章においては，軸のねじり強度と曲げ強度の計算のみを解説する．

5.1　軸のねじり強度の計算

軸にねじりモーメント，即ち，負荷トルクが加わる場合には，この負荷トルクにより軸の表面に最大せん断応力が生じ，最大せん断応力が軸材料のせん断疲労限度を超えると，軸がせん断される疲労破損が起こる．従って，軸を設計する時には負荷トルクによる最大せん断応力を計算しながら，疲労限度と比較するように軸のねじり強度を評価する必要がある．

キー溝のない一様な丸棒であれば，材料力学の知識により軸表面に生じる最大せん断応力は式 (5.1) で計算される．

$$\tau_{max} = \frac{T}{Z_p} \quad \cdots\cdots\cdots\cdots\cdots\cdots\cdots\cdots\cdots\cdots\cdots (5.1)$$

$$Z_p = \frac{\pi d^3}{16} \quad \cdots\cdots\cdots\cdots\cdots\cdots\cdots\cdots\cdots\cdots\cdots (5.2)$$

ここで，T は軸に加わる負荷トルク，Z_p は軸の極断面係数である．一様な丸棒であれば，Z_p は式 (5.2) で計算される．d は丸棒の直径である．

最大せん断応力が分かれば，軸のねじり強度は式 (5.3) で評価される．

$$\tau_{max} \leq \frac{\tau_a}{S_F} \quad \cdots\cdots\cdots\cdots\cdots\cdots\cdots\cdots\cdots\cdots\cdots (5.3)$$

ここで，τ_a は軸材料のせん断疲労限度であり，S50C の場合には，$\tau_a = 36\mathrm{MPa(N}/mm^2)$ である．S_F は安全係数であり，一般的に 1.2 ～ 1.25 である．

式 (5.1)，式 (5.2) を式 (5.3) に代入して整理すれば，式 (5.4) が得られ

$-$ 87 $-$

る．式 (5.4) より，ねじり疲労破損を発生させないようにするためには，軸の最小直径は d 以上になる必要がある．

$$d \geq \sqrt[3]{\frac{16}{\pi} \times \frac{T}{\tau_a} \times S_F} \quad \cdots\cdots\cdots (5.4)$$

図 5.1 に示すように軸にキー溝がある場合には，キー溝の影響で軸のせん断強度が弱まるので，キー溝の影響を軸の強度計算に考慮すべきである．この影響は H.F. Moore の式 (5.5) で計算した応力影響係数 e を導入することにより考慮される．キー溝の寸法を式 (5.5) に代入し，影響係数 e を計算する．そしてこの影響係数を式 (5.6) に代入し，キー溝のある軸の最大せん断応力 τ'_{max} は計算される．この τ'_{max} で軸のねじり強度を評価する．

$$e = 1 - 0.2\frac{b}{d} - 1.1\frac{t}{d} \quad \cdots\cdots\cdots (5.5)$$

$$\tau'_{max} = \frac{\tau_{max}}{e} \leq \frac{\tau_a}{S_F} \quad \cdots\cdots\cdots (5.6)$$

ここで，d は軸の直径 (mm)，b はキー溝の幅 (mm)，t はキー溝の深さ (mm) である．

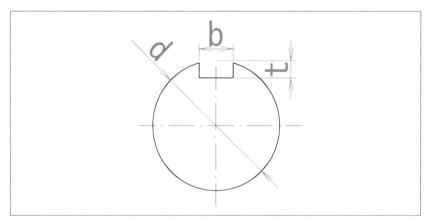

〔図 5.1〕キー溝付き軸の断面形状

5.2 軸のたわみ及び曲げ強度の計算

軸は図 5.2 に示すように使用されることが多い．図 5.2 に示すように軸の両側に深溝玉軸受が配置され，中央部に歯車が配置されている．このような配置であれば，軸の受ける力は図 5.2 の下側に示すようになる．F_1 と F_2 は軸受からの支持力であり，F_z は歯車からの歯面荷重によるものである．三つの力で軸がたわむとともに，軸に曲げモーメント荷重による曲げ応力が発生する．軸に曲げ疲労破損をさせないようにするために，軸に発生した曲げ応力を計算し，この曲げ応力で軸の曲げ疲労強度を評価する必要がある．

軸に加わる力と曲げモーメントの平衡条件により，軸に発生した曲げモーメント荷重の分布は図 5.3 に示すようになり，最大曲げモーメント荷重は軸中央部の C 点に発生することが分かる．C 点における曲げモーメント荷重を式 (5.7) で計算し，式 (5.8) に代入すれば，軸表面の最大

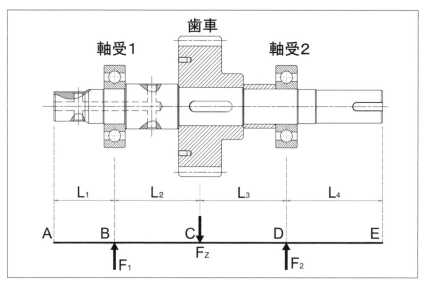

〔図 5.2〕軸の受ける力

5章 軸及び軸関連部分の強度計算

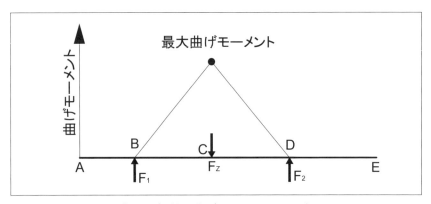

〔図5.3〕軸の曲げモーメントの分布

曲げ応力が得られる.

最大曲げモーメントの計算式： $M_{max} = \dfrac{L_2 L_3}{L_2 + L_3} F_Z$ ····(5.7)

最大曲げ応力の計算式： $\sigma_{max} = \dfrac{32 M_{max}}{\pi(1-n^4)d_2^3}$ ·········(5.8)

ここで，d_1 と d_2 はそれぞれ中空軸の内径と外形であり，n は内径と外形の比である．即ち，$n = d_1/d_2$．軸が中実であれば，d_1 と n はゼロになる.

軸の曲げ疲労強度は式(5.9)で評価される．式(5.9)において，σ_a は軸材料の曲げ疲労限度であり，S_F は曲げ疲労強度の安全係数である．一般的に $S_F = 1.2 \sim 1.25$ である.

軸の曲げ疲労強度の判定基準： $\sigma_{max} \leq \dfrac{\sigma_a}{S_F}$ ··············(5.9)

5.3 キー溝の設計及びキーの強度計算

　図5.4(a) に高さ h，長さ L，幅 b のキーを示す．このキーは直径 d である軸のキー溝に装着された様子を図5.4(b) に示している．軸に負荷トルク T が加わると，キーの側面に面圧が発生し，この面圧でキーの側面は接触疲労破損する恐れがあるとともに，図5.4(a) に示すようにキーの側面の上部1/2と下部1/2の領域には力が反対方向に発生するので，破線で示す面がせん断され，この面でキーはせん断疲労破損する恐れもある．従って，キーを使う場合には，キーの側面の接触疲労強度とせん断面のせん断疲労強度を計算する必要がある．

　図5.4 に示すようにキーの側面に作用する力を F，側面面圧を P，せん断面におけるせん断応力を τ で表すと，キーの側面に発生する力と面圧はそれぞれ式 (5.10) と式 (5.11) で計算される．キーの接触強度は式 (5.12) で評価される．またキーのせん断面におけるせん断応力は式 (5.13) で計算され，キーのせん断強度は式 (5.14) で評価される．

$$\text{キーの側面に作用する力：} F = \frac{T}{d/2} \quad \cdots\cdots\cdots\cdots\cdots\cdots \text{(5.10)}$$

$$\text{キーの側面に発生する面圧：} P = \frac{F}{0.5hL} \quad \cdots\cdots\cdots\cdots \text{(5.11)}$$

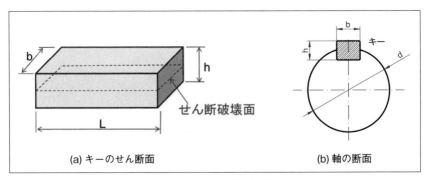

(a) キーのせん断面　　　　(b) 軸の断面

〔図5.4〕キーの強度評価

⚙5章 軸及び軸関連部分の強度計算

キーの側面の接触強度： $P < \dfrac{\sigma_{Hlim}}{S_H}$ .... (5.12)

キーのせん断応力： $\tau = \dfrac{F}{bL}$ .... (5.13)

キーのせん断強度： $\tau \leq \dfrac{\tau_a}{S_F}$ .... (5.14)

ここで，σ_{Hlim} はキーの材料の許容接触面圧であり，S_H は安全係数である．τ_a はキーの材料の許容せん断応力，S_F は安全係数である．

5.4 焼き嵌め・圧入による締結の伝達トルク計算

図 5.5 に示すように軸受と軸や歯車と軸を焼き嵌めか圧入で締結する場合を考える．この場合，軸と穴の締め代を決めなければならないとともに，その締め代で伝達できる負荷トルクの容量も計算しなければならない．

図 5.5(a) に示すように中空軸の内径と外径をそれぞれ d_1 と d_2 で表し，中実軸の外形と締め代をそれぞれ d_1 と Δ で表すと，焼き嵌めか圧入で締結後に生じた内部面圧は式 (5.15) で計算される．そして締結長さを L とすれば，接合部の面積は式 (5.16) で計算され，締結後に軸が伝達できるトルクは式 (5.17) で計算される．

締結後，穴と軸表面に生じる内部面圧： $P = \dfrac{d_2^2 - d_1^2}{2 d_1 d_2^2} E \Delta$

…… (5.15)

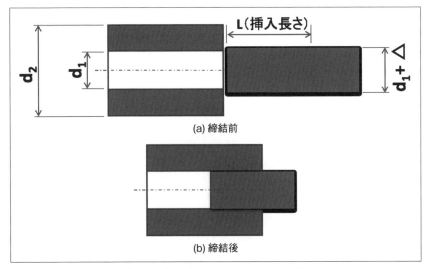

〔図 5.5〕焼嵌め・圧入による締結

5章 軸及び軸関連部分の強度計算

締結部の接合面積：$A = \pi d_1 L$ ⋯⋯⋯⋯⋯⋯⋯⋯ (5.16)

伝達できるトルク：$T = \mu P A \dfrac{d_1}{2}$ ⋯⋯⋯⋯⋯⋯⋯ (5.17)

ここで，E は材料の縦弾性係数，μ は接合表面の摩擦係数である．金属同士であれば，一般的に $\mu = 0.15$ である．

5.5 インボリュートスプラインの強度計算

インボリュートスプライン（以下スプラインとする）の歯形はインボリュート曲線である．この形状では，強度が簡単に計算できない問題が残っている．理論上でこの問題を厳密に解決するのは極めて困難であるため，図 5.6 に示す簡易モデルを用いて，強度を近似的に評価するのが一般的である．厳密に計算するのであれば，有限要素法による数値解析が必要である．まず簡易モデルを用いた強度計算法をここで紹介し，第 5.6 節において，有限要素法を用いた強度解析法を紹介する．

図 5.6(a) にスプライン軸とスプライン穴の締結の様子を表している．負荷トルクを伝達すると，図 5.6(b) に示すようにスプラインの歯面に面圧が生じ，この面圧で歯面が接触疲労破損をしたり，歯元がせん断されたり，また曲げ疲労破損をしたりする恐れがある．従って，スプラインの強度計算について，歯面の接触疲労強度計算，歯元のせん断疲労強度計算と歯元の曲げ疲労強度計算を行うべきである．またスプライン軸のねじり疲労強度も計算する必要がある．これらの強度を近似的に計算するために，図 5.6(b) に示す力学モデルを図 5.6(c) と (d) に示す片持ち梁モデルに簡略化する必要がある．図 5.6(c) は片持ち梁の右側面に均一の分布荷重を加える力学モデルであり，図 5.6(d) は片持ち梁の側面に集中荷重を加える力学モデルである．梁の側面は図 5.6(b) に示す歯のかみあいピッチ円と歯形の交差点を通る両側の面，梁の上・下面は図

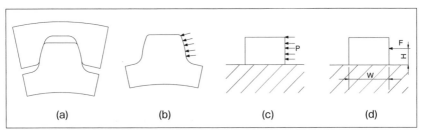

〔図 5.6〕スプライン強度計算用簡易モデル

5.6(b) に示す歯の歯先円と歯底円を通る面である．そして梁の幅は歯の歯幅である．

（1）歯面の接触疲労破損強度の計算

トルク T が加わる時にスプライン歯面に生じる面圧を図 5.6(c) に示す簡略モデルで近似的に計算する．まず式 (5.18) で一枚歯当たりの歯面総荷重 F を求め，そしてこの総荷重 F を接触面積で割るように面圧 P を求める．歯面面圧 P と総荷重 F の間に式 (5.20) が成り立つので，式 (5.20) を式 (5.18) に代入して整理すれば，面圧 P は式 (5.21) で計算される．この面圧はスプライン材料の接触疲労限度を上回らないように，スプラインの歯面接触疲労強度は式 (5.22) で評価される．

$$F = \frac{T}{0.5 D_m Z} \quad\text{……………………………………} (5.18)$$

$$D_m = (Z + 2x)m \quad\text{………………………………} (5.19)$$

$$F = P \times h \times b \times \eta \quad\text{………………………} (5.20)$$

$$P = \frac{T}{0.5 D_m \times Z \times h \times b \times \eta} \quad\text{………} (5.21)$$

$$P \leq \frac{\sigma_a}{s_f} \quad\text{…………………………………………} (5.22)$$

ここで，T はスプライン軸に加わる負荷トルク（N·m），Z はスプライン歯の歯数，D_m はスプライン歯のかみあいピッチ円直径である．D_m は式 (5.19) で計算される．式 (5.19) において，x はスプライン歯の転位係数，m はスプライン歯のモジュールである．式 (5.20) において，η は歯面の接触有効率（0.3～0.9），h はスプライン歯の有効歯たけ（接触高さ）（mm），b はスプラインの歯すじ方向の接触長さ（mm）である．式 (5.22) において，σ_a はスプライン歯面の許容面圧，S_f は安全係数である．σ_a は固定の場合には 7～12.5 kgf/mm^2，無負荷で滑動の場合には 4.5～9 kgf/mm^2，負荷状態で滑動の場合には 3 kgf/mm^2 以下である．

（2）歯元のせん断疲労破損強度の計算

　トルクが加わる時にスプライン軸の歯元に発生するせん断応力 τ_{max} は図 5.6(d) に示す簡略モデルと式 (5.23) で計算される．図 5.6(d) に示す集中荷重 F は式 (5.18) で計算され，またこの集中荷重の作用点はスプライン歯のかみあいピッチ円と歯形の交差点となり，集中荷重の方向は水平となる．歯元のせん断疲労破損を発生させないようにするために，せん断応力は材料のせん断疲労限度を上回らないように，せん断疲労強度は式 (5.24) で評価される．

$$\tau_{max} = \frac{F}{bW} \quad\cdots\cdots\cdots\cdots\cdots\cdots\cdots\cdots\cdots\cdots\cdots \quad (5.23)$$

$$\tau_{max} \leq \frac{\tau_a}{s_f} \quad\cdots\cdots\cdots\cdots\cdots\cdots\cdots\cdots\cdots\cdots\cdots \quad (5.24)$$

　ここで，b と W はスプライン歯の歯幅と歯元隅肉部の歯厚である．τ_a はスプライン材料の許容せん断応力，S_f は安全係数である．

（3）歯元曲げ疲労破損強度の計算

　並歯平歯車と比べて，スプライン歯は低く，また有効歯たけで全歯面が接触するので，一般的にスプライン歯の歯元に大きな曲げ応力が生じないが，強度計算項目として歯元曲げ強度を評価する場合には，スプラインの歯元隅肉部に生じた曲げ応力を図 5.6(d) の簡略モデルと式 (5.25) で計算できる．そして歯元曲げ疲労破損強度は平歯車と同じように式 (4.6) で評価される．

$$\sigma = \frac{6FH}{bW^2} \quad\cdots\cdots\cdots\cdots\cdots\cdots\cdots\cdots\cdots\cdots\cdots \quad (5.25)$$

　ここで，H はスプライン歯のかみあいピッチ円から歯底円までの距離である．

（4）スプライン軸のねじり疲労強度の計算

　スプライン軸に負荷トルク T が加わる時に軸表面に生じた最大せん断応力 τ_{smax} は式 (5.26) で近似的に計算される．このせん断応力は軸を

5章 軸及び軸関連部分の強度計算

せん断疲労破損させる可能性があるので，このせん断応力は材料のせん断疲労破損限度 τ_a を上回らないように，スプライン軸のせん断疲労強度を式 (5.27) で評価する必要がある．

$$\tau_{smax} = \frac{16T}{\pi D_{min}^3} \quad \cdots\cdots\cdots\cdots\cdots\cdots\cdots\cdots\cdots\cdots\cdots\cdots\cdots\cdots \quad (5.26)$$

$$\tau_{smax} \leq \frac{\tau_a}{s_f} \quad \cdots\cdots\cdots\cdots\cdots\cdots\cdots\cdots\cdots\cdots\cdots\cdots\cdots\cdots\cdots \quad (5.27)$$

$$D_{min} = (Z - 2(h_a + c) + 2x)m \quad \cdots\cdots\cdots\cdots\cdots\cdots \quad (5.28)$$

ここで，D_{min} はスプライン軸の最小直径であり，スプライン歯の歯底円直径が最小直径となれば，D_{min} は式 (5.28) で計算される．ここで，h_a はスプライン歯の歯末のたけの係数，c は頂げき係数である．自動車用インボリュートスプラインの場合には，一般的に $h_a = 0.4$，$c = 0.25$，$x = +0.8$ である．スプライン軸の許容ねじり応力 τ_a は 49MPa である．

スプラインの強度計算例として，1.9 節の表 1.5 と表 1.6 に紹介したスプラインの設計例に対する強度計算を行った．その結果を表 5.1 に示す．表 5.1 より，歯面面圧と歯元曲げ応力は疲労限度よりかなり低いので，歯面接触疲労破損と歯元曲げ疲労破損が生じないと推測できる．また歯元せん断応力と軸表面のせん断応力は疲労限度に近いので，スプラインの破損は歯元か軸のせん断疲労破損であろうと推測できる．

〔表5.1〕スプラインの強度計算例

	項目	符号	単位	入力値・計算値
入力部	トルク	T	Nm	411.6
	歯数	Z		14
	転位係数	X		0.8
	モジュール	M	mm	2.5
	歯たけ係数	ha		0.4
	頂げき係数	c		0.25
	歯幅	b	mm	15
	歯元隅部の歯厚	W	mm	3.929
	歯面の接触有効率	η		1 (100%)
出力部	かみあいピッチ円から歯底円までの距離	H	mm	1.625
	有効歯たけ	h	mm	2
	かみあいピッチ円直径	Dm	mm	39
	歯底円直径	Dmin	mm	35.750
	歯面総荷重	F	N	1507.7
	歯面面圧	P	MPa	50.3
	歯元せん断応力	τ_{max}	MPa	25.6
	歯元曲げ応力	σ	MPa	63.5
	軸のせん断応力	τ_{smax}	MPa	45.9

5.6 有限要素法によるスプラインの強度解析

スプラインの強度を精確に解析できるようにするために，筆者はスプラインの強度解析問題を弾性体の接触問題として研究し，スプライン強度解析のための専用有限要素法とソフトウェアを開発した．この専用有限要素法ソフトウェアを用いて，1.9節の表1.5と表1.6に紹介したスプラインの設計例に対して，解析したスプライン軸の歯面面圧，歯元隅肉部の最大せん断応力と歯元最大曲げ応力及び歯底円に沿う，せん断応力の分布を次に示すように紹介する．

図5.7はスプライン軸とスプライン穴の接触解析用FEMモデルである．図5.8はスプライン軸のみの三次元FEMモデルである．解析の際には，図5.7と図5.8に示すように三枚歯モデルを用いて，中央部の歯のみが接触するように解析を行った．また解析の境界条件として図5.8に示す三枚歯モデルの両側側面と内円周面（外歯の場合）か外円周面（内歯の場合）を固定した．

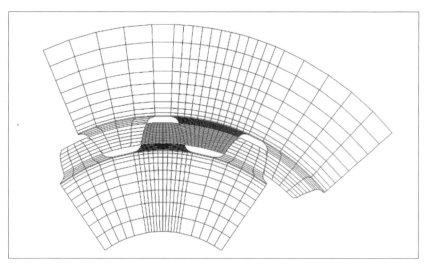

〔図5.7〕スプライン軸とスプライン穴のFEM要素分割パターン

専用 FEM で解析したスプライン軸の歯面面圧分布の等高線図を図 5.9(a) に示す．図 5.9(a) において，横軸は歯すじ方向の点の位置を表す寸法であり，縦軸は歯形に沿う点の位置を表す寸法である．Y＝0 の点は有効歯たけの中点である．図 5.9(a) に示すように歯面面圧は歯すじに沿ってほぼ均一に分布していることが分かる．図 5.9(b) はスプライン軸の歯幅中点の歯形に沿う歯面面圧分布である．図 5.9(b) の横軸は歯形方向に沿う点の位置を表す寸法である．Y＝0 の点は有効歯たけの中点である．図 5.9(b) の縦軸は面圧値である．図 5.9(b) より面圧は歯元

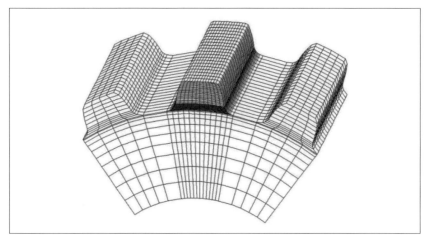

〔図 5.8〕スプライン軸の三次元 FEM 要素分割パターン

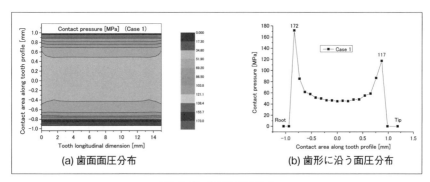

(a) 歯面面圧分布　　　　　　　(b) 歯形に沿う面圧分布

〔図 5.9〕歯面面圧分布

- 101 -

から歯先まで歯形に沿ってU字型曲線のように分布していることが分かる．また最大面圧はスプライン軸の歯元になり，172MPaであることが分かる．最小面圧は歯形の中央に発生している．

専用FEMで解析したスプライン軸の歯元最大曲げ応力（歯の引張側の隅肉部表面に沿う引張応力）の歯すじ方向の分布を図5.10に示す．図5.10において，横軸は歯すじに沿う点の位置を表す寸法値であり，縦軸は歯元曲げ応力である．図5.10より，歯元最大曲げ応力は約121MPaであり，浸炭焼き入れ歯車の歯元曲げ疲労強度の許容値は約320MPaであるので，スプライン軸の歯元曲げ疲労破損が発生しないと断定できる．

専用FEMで解析した中央歯の歯底円位置のせん断応力の円周分布を図5.11に示す．図5.11において，横軸は中央歯の円周に沿う点の位置を表す点の番号であり，"1"は左側歯面にある点の位置，"21"は右側歯面にある点の位置を表している．縦軸はせん断応力である．このせん断

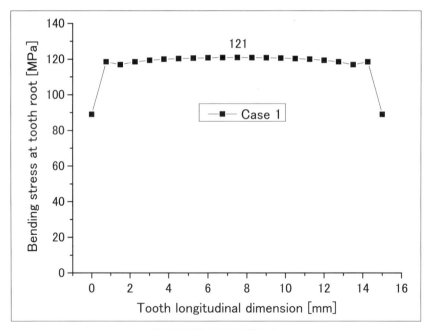

〔図5.10〕歯元曲げ応力

応力は歯の中央断面における歯底円上のせん断応力である.図5.11より,最大せん断応力は33.47MPaであり,この値は軸材料の許容応力40MPaを超えていないので,歯がせん断破損しないと断定できる.

専用FEMで計算した結果と近似法で計算した結果の比較を表5.2に行っている.表5.2より,専用FEMで計算した歯面面圧,歯元せん断応力及び歯元曲げ応力は近似法で計算した結果より2～4倍大きいことが分かる.従って,インボリュートスプラインの強度を精確に計算するために,FEMを用いるべきである.

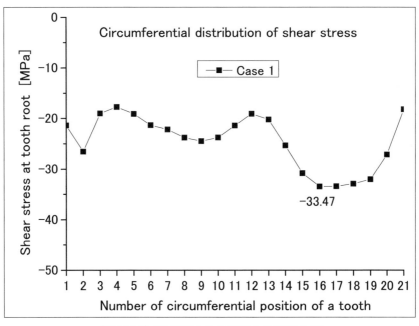

〔図5.11〕軸表面のせん断応力の円周分布

〔表5.2〕近似計算法と専用FEMの計算結果比較

	近似計算法	専用FEM
歯面面圧 (MPa)	50.3	172
歯元せん断応力 (MPa)	25.6	33.5
歯元曲げ応力 (MPa)	63.5	121
軸のせん断応力 (MPa)	45.9	---------

第6章

ボルトの強度と
伝達能力の計算

6.1 ボルトの締め付けトルクと軸力の関係

　ボルトの締め付けトルク T_f はボルトのねじ部分の摩擦による摩擦トルク T_s とボルトの座面部分の摩擦による摩擦トルク T_W から構成されると考えられる．弾性範囲でボルトを締付ける場合には，ボルトの締付けトルク T_f と締付け軸力 F_f の間に式 (6.1) で示すような関係 [24] が成り立つ．以下には Gosho 社 [24] の計算法を用いてボルトの強度と伝達能力の計算を述べる．

$$T_f = T_s + T_W \quad \cdots\cdots\cdots\cdots\cdots\cdots\cdots\cdots\cdots\cdots\cdots (6.1)$$

　T_s, T_W と T_f の関係はそれぞれ式 (6.2) と式 (6.3) のようになっている [24]．これらの式を式 (6.1) に代入すると，式 (6.4) が得られる．そして式 (6.5) に示すトルク係数 k を導入すると，式 (6.4) は式 (6.6) になる．式 (6.6) より軸力，トルク係数とねじの呼び径が分かれば，締め付けトルク T_f は簡単に求まる．

$$T_s = 0.5 F_f \left(\frac{P}{\pi} + \mu_s d_2 \sec \alpha' \right) \quad \cdots\cdots\cdots\cdots\cdots\cdots\cdots (6.2)$$

$$T_W = 0.5 F_f \mu_W D_W \quad \cdots\cdots\cdots\cdots\cdots\cdots\cdots\cdots\cdots (6.3)$$

$$T_f = 0.5 F_f \left(\frac{P}{\pi} + \mu_s d_2 \sec \alpha' \right) + 0.5 F_f \mu_W D_W = \frac{\frac{P}{\pi} + \mu_s d_2 \sec \alpha' + \mu_W D_W}{2} F_f$$
$$\cdots\cdots (6.4)$$

$$k = \frac{\frac{P}{\pi} + \mu_s d_2 \sec \alpha' + \mu_W D_W}{2d} \quad \cdots\cdots\cdots\cdots\cdots\cdots\cdots (6.5)$$

$$T_f = k F_f d \quad \cdots\cdots\cdots\cdots\cdots\cdots\cdots\cdots\cdots\cdots\cdots (6.6)$$

　ここで，T_s はねじ部分の摩擦トルク，T_W はボルト座面部分の摩擦トルク，d はねじの呼び径かおねじの外径，P はねじのピッチ，μ_s はねじ面における摩擦係数，μ_W は座面における摩擦係数，D_W は座面における

⚙ 6章 ボルトの強度と伝達能力の計算

摩擦係数トルクの等価直径 [24]，d_2 はおねじ有効径の基準寸法，α' はねじ山の山直角断面におけるフランク角，k はトルク係数である．

　Gosho 社は実験で判明した並目六角穴付きボルトの μ_s 及び μ_w に対するトルク係数 k の計算値を示し，また六角穴付きボルトの許容最大軸力と目標締付けトルクの目安値は Gosho 社の技術文献 [24] に紹介されている．許容最大軸力と目標締付けトルクの関係について，一部分の結果を表 6.1 に示す．

〔表 6.1〕許容最大軸力と目標締付けトルク（強度区分 12.9）

ボルトサイズ	M3	M4	M5	M6
許容最大軸力（kgf）	394	690	1110	1580
目標締付けトルク（Kg-m）	0.15	0.36	0.72	1.23

6.2 ボルトのトルク伝達能力計算

　機械設計を行う時には，使用したボルトのトルク伝達能力の計算が必要である．ボルトのトルク伝達能力はボルトのサイズ，本数及び配置円の直径に関連している．図 6.1 に示すように 8 本のボルトは直径 d_1 の分布円に配置されるケースを考える．もし 8 本のボルトで要求された負荷トルクを伝達できない場合に，ボルトのサイズか本数か分布円の直径を増やしていけば，ボルトのトルク伝達能力が増加される．またボルトのサイズ，本数と分布円の直径を変えずに，ピンを使用する方法もある．例えば，図 6.1 に示すように 4 本のピンを直径 d_2 の分布円に追加配置すると，伝達できるトルクは 8 本のボルトと 4 本のピンの伝達トルクの合計となるので，トルクの伝達能力は大きくなる．

　図 6.1 の場合には，ボルトによる伝達できるトルク T_1 は式 (6.7) で求まる．またピンによる伝達できる許容トルク T_2 は式 (6.8) で求まる．従っ

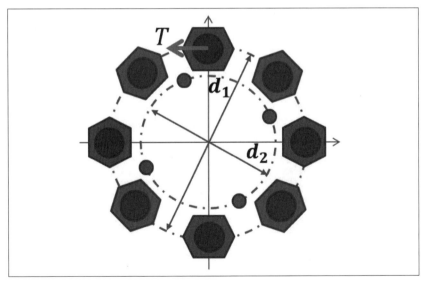

〔図 6.1〕ボルトとピンの併用

6章 ボルトの強度と伝達能力の計算

てボルトとピンの併用により伝達できる合計トルクは式 (6.9) で計算される.

（1）ボルトの伝達できる許容トルク T_1：

$$T_1 = F \times \frac{d_1}{2} \times \mu \times n_1 \quad \cdots\cdots\cdots\cdots\cdots\cdots\cdots\cdots\cdots\cdots\cdots\cdots (6.7)$$

ここで，T_1 はボルトの許容伝達トルク（kgf-mm），F はボルトの締付力（kgf），d_1 はボルト取付けの分布円（ピッチ円とも呼ばれ，Pitch circle diameter, 略称 P.C.D）の直径（mm），μ は摩擦係数（$\mu = 0.15$，合せ面が脱脂），n_1 はボルトの本数である．締付力 F は表 6.2 より入手できる.

（2）ピンの伝達できる許容トルク T_2：

$$T_2 = \frac{\pi \times d^2}{4} \times \tau_a \times \frac{d_2}{2} \times n_2 \quad \cdots\cdots\cdots\cdots\cdots\cdots\cdots\cdots\cdots\cdots (6.8)$$

ここで，T_2 はピンの伝達できる許容伝達トルク（kgf-mm），d はピン径（mm），τ_a はピン材料の許容せん断応力（kgf/mm^2）（ピン材質は S45C-Q である場合には，$\tau_a = 20$MPa），d_2 はピンのピッチ円直径（mm），n_2 はピンの本数である.

（3）ボルトとピンの併用により伝達できる総許容トルク T：

$$T = T_1 + T_2 \quad \cdots\cdots\cdots\cdots\cdots\cdots\cdots\cdots\cdots\cdots\cdots\cdots\cdots\cdots (6.9)$$

〔表 6.2〕ボルトの締め付力 F（強度区分 12.8）[24]

ボルトサイズ （mm）	締め付け力 （kgf）	締め付けトルク （Nm）	ボルトサイズ （mm）	締め付け力 （kgf）	締め付けトルク （Nm）
M1.6	85	833	M16	10500	102900
M2	139	1362.2	M18	12900	126420
M2.5	228	2234.4	M20	16500	161700
M3	338	3312.4	M22	20300	198940
M4	590	5782	M24	23700	232260
M5	950	9310	M27	30800	301840
M6	1350	13230	M30	37700	369460
M8	2460	24108	M33	46600	456680
M10	3890	38122	M36	54800	537040
M12	5660	55468	M39	65500	641900
M14	7720	75656			

6.3 ボルトの強度計算

　一般的にボルトの伝達トルクはボルトの許容伝達トルクを下回ると，ボルトの強度計算を行う必要がないが，M3のような小径ボルトを使用する場合には，ボルトの強度計算を行った方がよい．次に実例を用いてM3ボルトの強度を紹介する．

　図6.2にアンギュラ玉軸受の予圧構造を示す．曲げモーメント T_M に耐えられるようにするために，減速機の主軸受部に一対のアンギュラ玉軸受を使用している．このアンギュラ玉軸受は16本のM3ボルトとスペーサーにより予圧されている．曲げモーメントは $T_M = 59.1$ (N·m)である時には，M3ボルトの強度計算をGosho社の技術資料に基づき次に示すように行う．

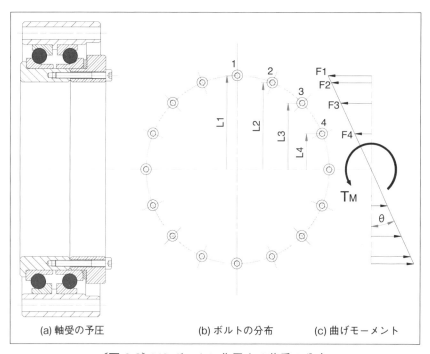

〔図6.2〕M3ボルトに作用する荷重の分布

（1）曲げモーメント T_M が加わった時に M3 ボルトに生じた軸力

図 6.2 に示すように一対のアンギュラ玉軸受に曲げモーメント T_M が加わった時に軸受外輪に対して軸受内輪の回転変形を θ とする．ボルトは締め付けトルクの範囲内で使用される場合には，T_M と θ の関係は線形的なものと仮定し，また図 6.2(c) に示すように各位置に配置されたボルトの軸力は図に示すような線形的な関係であると仮定すれば，2，3 と 4 位置に配置されたボルトの軸力はそれぞれ式 (6.10) ～式 (6.12) で計算される．

$$F_2 = \frac{L_2}{L_1}F_1 \quad\cdots\cdots\cdots\cdots\cdots\cdots\cdots\cdots\cdots\cdots\cdots\cdots\cdots\cdots (6.10)$$

$$F_3 = \frac{L_3}{L_1}F_1 \quad\cdots\cdots\cdots\cdots\cdots\cdots\cdots\cdots\cdots\cdots\cdots\cdots\cdots\cdots (6.11)$$

$$F_4 = \frac{L_4}{L_1}F_1 \quad\cdots\cdots\cdots\cdots\cdots\cdots\cdots\cdots\cdots\cdots\cdots\cdots\cdots\cdots (6.12)$$

ここで，F_1, F_2, F_3 と F_4 はそれぞれ 1～4 位置に配置されたボルトの軸力であり，L_1, L_2, L_3 と L_4 はそれぞれ 1～4 位置に配置されたボルトの中心から軸受回転中心までの距離である．

図 6.2(c) に示すように軸受の回転中心回りの曲げモーメントの平衡条件を考えると，軸力 F_1, F_2, F_3 と F_4 による曲げモーメントは負荷曲げモーメント T_M に等しくなるので，式 (6.13) が得られる．そして式 (6.10)，式 (6.11) と式 (6.12) を式 (6.13) に代入すると，式 (6.14) が得られる．また式 (6.14) を整理すると，軸力 F_1 は式 (6.15) で求まる．F_1 が分かれば，F_2, F_3 と F_4 はそれぞれ式 (6.10)，(6.11) と (6.12) で求まる．

$$2(F_1L_1 + 2F_2L_2 + 2F_3L_3 + 2F_4L_4) = T_M \quad\cdots\cdots\cdots\cdots (6.13)$$

$$2F_1(L_1^2 + 2L_2^2 + 2L_3^2 + 2L_4^2)/L_1 = T_M \quad\cdots\cdots\cdots\cdots (6.14)$$

$$F_1 = \frac{L_1}{2(L_1^2 + 2L_2^2 + 2L_3^2 + 2L_4^2)}T_M \quad\cdots\cdots\cdots\cdots (6.15)$$

計算例として，曲げモーメント T_M と距離 L_1, L_2, L_3 と L_4 は表 6.3 に示すように与えられた場合には，軸力 F_1 は表 6.3 に示すように 162kg に

⚙ 6章 ボルトの強度と伝達能力の計算

〔表 6.3〕T_M による M3 ボルトの軸力 F_1

T_M (kgm)	L_1 (mm)	L_2 (mm)	L_3 (mm)	L_4 (mm)	F_1 (kg)
59.1	45.5	42	32.17	17.4	162

計算される.

（2）ボルトの強度評価の四つの判定

図 6.2 に示す M3 のボルトに最大 162kg の軸力 F_1 が生じる場合には，M3 ボルトの強度は次に示す四つの判定で評価される.

判定1：ボルトに発生する軸力 F_{wmax} は最大許容軸力 F_{red} より小さいこと．即ち，式 (6.16) より判断される．F_{red} は等価応力を $0.9\sigma_Y$ として計算した軸力であり，式 (6.17) より計算される.

$$F_{wmax} < F_{red} \quad\cdots\cdots\cdots\cdots\cdots\cdots\cdots\cdots\cdots\cdots\cdots\cdots \quad (6.16)$$

$$F_{red} = \frac{0.9\sigma_Y A_s}{\sqrt{1 + 3\left\{\frac{2}{d_A} \times \left(\frac{P}{\pi} + 1.15 d_2 \mu_s\right)\right\}^2}} = 397kg \quad\cdots\cdots \quad (6.17)$$

ここで，σ_Y はボルト材の降伏点又は耐力であり，文献 (24) に示す降伏荷重を A_s で割るように求められたものである（$\sigma_Y = 111$kg/mm^2）．A_s はおねじの有効断面積であり，$A_s = 0.25\pi(d - 0.93282P)^2$ で求められる．M3 の場合，$A_s = 5.03$mm^2 である（文献 (24) より選定してもよい）．d はねじの呼び径（おねじの外形，例えば，M3 の場合，$d = 3$mm），d_A は面積が A_s に等しい円の直径（M3 の場合，$d_A = 2.53$mm），P はねじのピッチ（M3 の場合，$P = 0.5$mm），d_2 はおねじ有効径の基準寸法（M3 の場合，$d_2 = 2.675$mm），μ_s はねじ面における摩擦係数（一般的に $\mu_s = 0.16$）である．また F_{wmax} は式 (6.18) で計算される.

$$F_{wmax} = Q[(1 - \Phi_n)F_1 + F_k + F_s] \quad\cdots\cdots\cdots\cdots\cdots\cdots\cdots \quad (6.18)$$

$- 114 -$

ここで，Q は締付け係数（F_{wmax}/F_{wmin}）であり，$Q=1.6$ [24] である．Φ_n は外力の作用位置が被締付け内部にある場合の内外力の比であり，$\Phi_n = n\Phi_f = 0.088$ である．Φ_f は外力の作用位置がボルト軸線上においてボルト頭及びナット座面上にある場合の内外力の比であり，$\Phi_f = C_t/(C_t+C_c)$ である．C_t と C_c は文献 [24] により計算される．M3 の場合には，$\Phi_f = 0.1176$，$C_t = 10825.4$kg/mm，$C_c = 81230.9$kg/mm である．n（n < 1）は外力の作用位置が被締付け部材の内部にある場合，作用位置間の距離と長さ l との比である．n = 3/4 である．F_k は接合面の機能保持上必要な締付け力であり，$F_k = 0.2 \times (1-\Phi_n) F_1 = 29.55$kg である．$F_s$ はへたりに基づく初期ゆるみ量であり，$F_s = \varepsilon_s C_t C_c/(C_t+C_c) = 37.3$kg である．$\varepsilon_s$ は文献 [24] で求まる．M3 の場合，$\varepsilon_s = 3.9$ である．

<u>判定 2</u>：ボルトの追加軸力 F_t は降伏限界（$0.1\sigma_Y A_s$）より小さいこと．即ち，式 (6.19) である．ここで，$F_t = \Phi_n \times F_1 = 14$kg である．

$$F_t < 0.1\sigma_Y A_s \quad\cdots\cdots\cdots\cdots\cdots\cdots\cdots\cdots\cdots\cdots\cdots\cdots\cdots \quad (6.19)$$

<u>判定 3</u>：応力振幅 σ_a は疲れ限度の許容応力振幅 σ_A より小さいこと．即ち，式 (6.20) である．

$$\sigma_a < \sigma_A \quad\cdots\cdots\cdots\cdots\cdots\cdots\cdots\cdots\cdots\cdots\cdots\cdots\cdots\cdots \quad (6.20)$$

ここで，$\sigma_a = 0.5F_t/A_s = 0.5\Phi_n \times F_1/A_s = 1.42$kg/mm^2 であり，$\sigma_A = 0.7\sigma_{wk} = 10.15$kg/mm^2 である．$\sigma_{wk}$ はボルトの疲れ強さ [24] であり，$\sigma_{wk} = 14.5$kg/mm^2 である．

<u>判定 4</u>：座面圧力 P_w は被締付け物の限界面圧 P_L より小さいこと．即ち，式 (6.21) である．

$$P_w < P_L \quad\cdots\cdots\cdots\cdots\cdots\cdots\cdots\cdots\cdots\cdots\cdots\cdots\cdots\cdots \quad (6.21)$$

ここで，$P_w = F_{red}/0.9A_w = 39.7$kgf/mm^2 である．$A_w$ は座面の負荷面積，即ち，ボルト頭の座面が被締付け部材と接触する部分の面積 [24] であり，

◎6章 ボルトの強度と伝達能力の計算

$A_w = 11.10\text{mm}^2$ である．P_L は限界面圧であり，文献（24）より選定される．例えば，FCD45 の場合には，$P_L = 43\text{kgf/mm}^2$ である．

以上の四つの判定により，M3 ボルトの強度評価結果を表 6.4 に示す．表 6.4 より M3 ボルトを図 6.2 に示すように使用する場合には，M3 ボルトの強度上に問題がないことが分かる．

〔表 6.4〕M3 ボルトの強度評価の判定結果

判定項目	計算値	許容要求値	判定
判定 1 ：$F_{wmax} < F_{red}$	$F_{wmax} = 343.27\text{kgf}$	$F_{red} = 397\text{kgf}$	○
判定 2 ：$F_t < 0.1\sigma_Y A_s$	$F_t = 14\text{kgf}$	$0.1\sigma_Y A_s = 56.3\text{kgf}$	○
判定 3 ：$\sigma_a < \sigma_A$	$\sigma_a = 1.42\text{kgf/mm}^2$	$\sigma_A = 10.15\text{kgf/mm}^2$	○
判定 4 ：$P_w < P_L$	$P_w = 39.7\text{kgf/mm}^2$	$P_L = 43\text{kgf/mm}^2$	○

－ 116 －

第7章

軸受の選定及び寿命計算

7.1 軸受の種類及び特徴

　図 7.1 は深溝玉軸受である．この軸受の特徴は理論上で点接触であるので，転がり抵抗が小さく，高速回転向きであり，また静粛（低騒音）である．欠点としてこの軸受はラジアル荷重に対する負荷能力が円筒ころ軸受より低く，またアキシアル荷重に適していない．

　図 7.2 は円筒ころ軸受である．この軸受の特徴は理論上で線接触であるので，ラジアル荷重に対する負荷能力が高く，また支持剛性も高い．欠点としては，転がり抵抗が大きいので，高速回転は不向きであり，ま

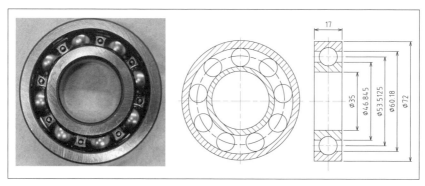

〔図 7.1〕深溝玉軸受

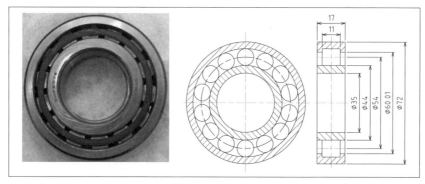

〔図 7.2〕円筒ころ軸受

たアキシアル荷重に適していない．

　図7.3はアンギュラ玉軸受である．この軸受の特徴はラジアル方向とアキシアル方向の荷重を同時に受けられることである．また転がり抵抗が低いので，高速回転が可能である．欠点としては，2個のアンギュラ玉軸受をペアにして同時に使用する必要があるとともに，軸受に予圧を与える必要がある．従って，この軸受を使用する場合には，予圧調整機構の設計が必要である．

　図7.4は円錐ころ軸受である．この軸受の特徴はアンギュラ玉軸受と同じようにラジアル方向とアキシアル方向の荷重を同時に受けられるとともに，アンギュラ玉軸受より更に高い負荷能力と支持剛性を持つことである．欠点としては，転がり抵抗が高いので，高速回転は不向きであり，またアンギュラ玉軸受と同じように2個の円錐ころ軸受をペアにして同時に使用する必要があるとともに，予圧調整機構の設計も必要である．

　図7.5はクロスローラーベアリングである．この軸受の特徴は図7.5に示すように二列の円筒ころを交差で配置することにより大きな曲げモーメント荷重を受けられることである．即ち，1個のクロスローラーベアリングで2個のアンギュラ玉軸受か2個の円錐ころ軸受の役割を果

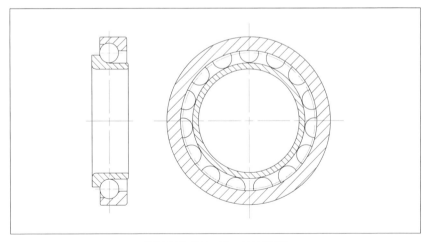

〔図7.3〕アンギュラ玉軸受

たすことができる．また省スペースでこのベアリングを配置することができるとともに，予圧調整機構の設計も不要である．従ってこの軸受を使用すれば，機械はコンパクトに設計できるとともに，コストも低く抑えることができる．しかし，この軸受にも欠点がある．即ち，転がり抵抗がかなり大きいので，中・高速の回転は不向きである．また耐えられる曲げモーメント荷重及び曲げモーメント剛性はアンギュラ玉軸受や円錐ころ軸受ほど高くないことである．

　この軸受を使用する成功例としては，波動歯車装置の主軸受にこの軸受が使用され，波動歯車装置はかなりコンパクトに設計できるようになったことである．

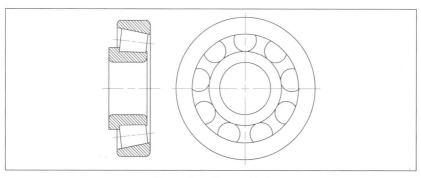

〔図 7.4〕円錐ころ軸受

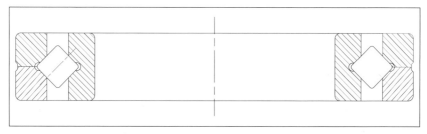

〔図 7.5〕クロスローラーベアリング

7.2　軸受上の荷重計算

図7.6に軸受使用の一例を示す．図7.6を用いて軸受を使用する時に，軸受のラジアル荷重と寿命の計算法を解説する．図7.6に示す歯車箱において，下方の軸は一対の玉軸受により支えられている．軸の中央部に歯車が取り付けられている．図7.7はこの部分の写真である．図7.8は軸受のラジアル荷重を分析するために用いた力学モデルである．図7.8に示すように軸の中心線を太い水平線で表している．軸受1と軸受2から加えられたラジアル荷重をそれぞれF_1とF_2で，歯車から加えられた

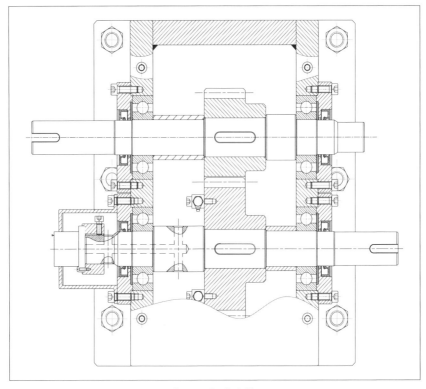

〔図7.6〕歯車箱

ラジアル荷重をF_Zで表している．勿論，F_1，F_2とF_Zは同じ平面に互いに平行するように作用し，また軸受からの荷重は歯車からの荷重と相反方向であると仮定している．図に示すように力の作用点AとBの間の

〔図7.7〕軸に取り付けられた軸受

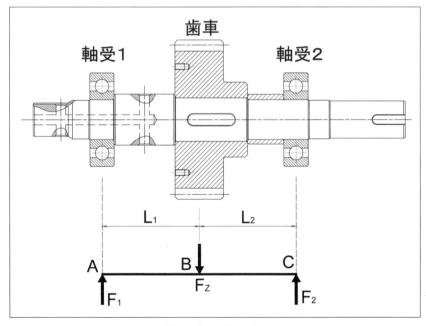

〔図7.8〕力学モデル

⚙ 7章 軸受の選定及び寿命計算

距離を L_1，B と C の間の距離 L_2 とする．この軸は三つの力で作用される場合には，垂直方向の力のバランス及び任意点に対する曲げモーメントのバランスが取れているので，点 C 廻りの曲げモーメントの平衡条件を考えると，点 C 廻りの曲げモーメントの合計はゼロであるので，式 (7.1) が得られる．そして点 A 廻りの曲げモーメントの平衡条件を考えると，式 (7.2) が得られる．

$$F_1(L_1 + L_2) - F_z L_2 = 0 \quad \cdots\cdots\cdots\cdots\cdots\cdots\cdots\cdots\cdots\cdots (7.1)$$

$$F_z L_1 - F_2(L_1 + L_2) = 0 \quad \cdots\cdots\cdots\cdots\cdots\cdots\cdots\cdots\cdots (7.2)$$

式 (7.1) と式 (7.2) を整理すれば，式 (7.3) と式 (7.4) が得られる．従って，歯車からの荷重 F_z が分かれば，軸受からの荷重 F_1 と F_2 は求まる．

$$F_1 = \frac{L_2}{L_1 + L_2} F_z \quad \cdots\cdots\cdots\cdots\cdots\cdots\cdots\cdots\cdots\cdots (7.3)$$

$$F_2 = \frac{L_1}{L_1 + L_2} F_z \quad \cdots\cdots\cdots\cdots\cdots\cdots\cdots\cdots\cdots\cdots (7.4)$$

式 (7.3) と式 (7.4) の妥当性を垂直方向の力の平衡状態でチェックすると，式 (7.5) が得られるので，計算結果が正しいと確認できる．

$$F_1 + F_2 = \frac{L_2}{L_1 + L_2} F_z + \frac{L_1}{L_1 + L_2} F_z = \frac{L_1 + L_2}{L_1 + L_2} F_z = F_z \quad \cdots\cdots (7.5)$$

7.3 軸受の寿命計算

　軸受の強度評価はまだ難しい課題であるため，代わりに軸受を選定する時には，軸受に対する寿命計算が行われている．軸受を設計する際には，動定格荷重ですべての軸受は 10^6 サイクルの寿命を超えるように設計されている．言い換えれば，動定格荷重ですべての軸受の設計寿命は 10^6 サイクルである．一方，軸受の寿命を実測する場合には，軸受の材料内部の欠陥や不純物や酸素の分布がテストピースによって異なるので，同じ実験を繰り返しても軸受の寿命測定結果にバラツキが生じている．このバラツキの影響を考慮するために，軸受の寿命評価に信頼性工学の考え方が導入された．即ち，軸受の寿命測定試験で 90% の軸受が 10^6 サイクルをクリアすればよいことになる．従って，軸受の寿命測定結果に 90% の信頼性しかないことを意味する．

　軸受の寿命と等価ラジアル荷重の間に式 (7.6) に示す関係が利用されている．式 (7.6) において，C は軸受の基本動定格荷重 (N)，P は軸受の等価荷重（N），k は軸受の寿命比係数，p は寿命比の指数である．転動体はボールである場合には，$p=3$，転動体はころであれば，$p=10/3$ である．$C=P$ であれば，$k=1$ となり，この時，軸受のサイクル寿命は 10^6 サイクルである．従って軸受のサイクル数寿命は式 (7.7) で求まる．このサイクル数寿命を時間寿命に換算すれば，軸受の時間寿命は式 (7.8) で計算される．機械を設計する際には，一般的に軸受の寿命を計算する時に式 (7.8) が用いられている．

$$k = \left(\frac{C}{P}\right)^p \quad\cdots\cdots\cdots\cdots\cdots\cdots\cdots\cdots\cdots\cdots\cdots\cdots\cdots (7.6)$$

軸受のサイクル数寿命： $L_{10} = \left(\frac{C}{P}\right)^p \times 10^6 \quad\cdots\cdots\cdots\cdots\cdots (7.7)$

軸受の時間寿命： $L_h = L_{10} \times \dfrac{1}{60N_0} = \dfrac{10^6}{60N_0} \times \left(\dfrac{C}{P}\right)^p \quad\cdots\cdots (7.8)$

ここで，L_{10} は信頼性 90% 以上である時の軸受のサイクル数寿命，L_h

は軸受の時間寿命（単位：hours or hrs.），N_0 は軸受の内輪回転数（rpm=revolution per minute）である．軸受の基本動定格荷重 C は軸受メーカのカタログから入手できるので，軸受の等価荷重と回転数が分かれば，軸受の時間寿命は式 (7.8) で求まる．

7.4 軸受の固定

　軸受を使用する場合には，軸受を軸とハウジングに固定する必要がある．固定方法は機械や軸受の種類によって異なるが，一般的に内輪と外輪の両方を固定する必要がある．図 7.9 に深溝玉軸受の内・外輪の固定方法を示す．図 7.9 において，深溝玉軸受の内輪を軸の段差，スペーサー（薄肉中空軸）と軸用スナップリングで軸に固定し，また軸受の外輪をハウジング穴の段差と穴用スナップリングでハウジング穴に固定している．

　図 7.10 にアンギュラ玉軸受と複列玉軸受の固定方法を示す．図に示すようにこれらの軸受も軸の段差，ハウジング穴の段差と軸・穴用スナップリングで軸とハウジング穴に固定している．図 7.10(a) に示すアンギュラ玉軸受の場合には，この軸受に予圧を与える必要があるので，この予圧を軸用スナップリングの厚み調整で与えている．

　図 7.11(a) にスペーサーを用いたアンギュラ玉軸受の予圧調整法を示

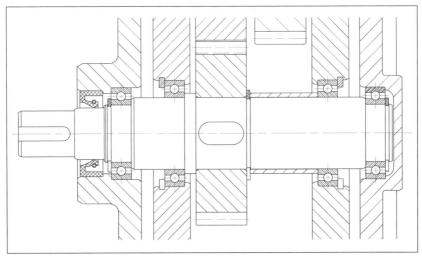

〔図 7.9〕深溝玉軸受の固定法

している．図に示すように二つのアンギュラ玉軸受の外輪はハウジング穴の中央部にある段差により分離・固定され，二つの軸受の内輪は二つの軸段差とスペーサーに挟まれ，またボルトにより固定されている．予圧はスペーサーの厚み調整により与えられている．図7.11(b) にクロスローラーベアリングの固定方法を示している．図に示すようにクロスローラーベアリングの場合には，軸受の内部接触面に予圧を与える必要がないので，分離した二つの外輪をハウジング穴に固定し，また内輪を軸段差により固定すればよいことになる．

軸用C型止め輪（軸用スナップリング）と穴用C型止め輪（穴用スナップリング）の写真をそれぞれ図7.12(a) と図7.12(b) に示している．

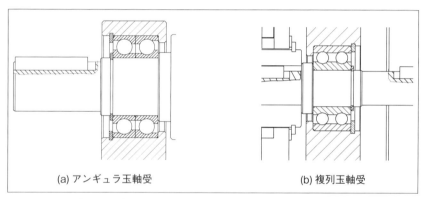

〔図7.10〕アンギュラ玉軸受と複列玉軸受の固定法

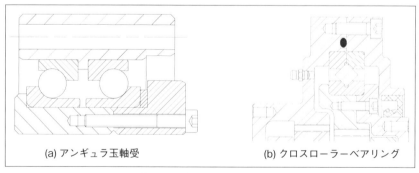

〔図7.11〕軸受の固定方法

図 7.13(a) に実際に製品設計した歯車箱の断面構造を示す．軸受部分の拡大図を図 7.13(b) に示している．図に示すように深溝玉軸受の内輪両側を固定し，外輪の片側のみを固定している．機械設計を行う場合には，図 7.13 に示すように軸受及び軸上に配置されたすべての部品の位置を決める必要がある．

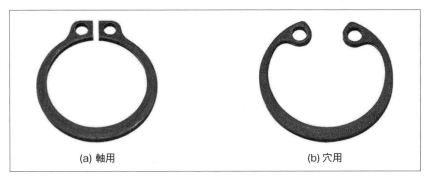

(a) 軸用　　　　　　　　　　(b) 穴用

〔図 7.12〕軸受固定用 C 型止め輪（スナップリング）

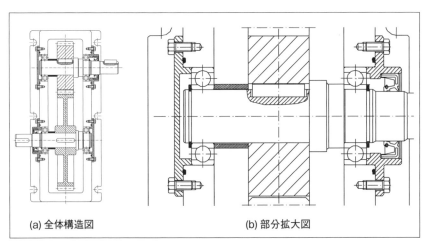

(a) 全体構造図　　　　　　　(b) 部分拡大図

〔図 7.13〕減速機における軸受の固定法

7.5 軸受の予圧

アンギュラ玉軸受や円錐ころ軸受を使う場合には，図 7.14 に示すように二つの軸受を背面合わせでペアになって使う必要がある．そしてこれらの軸受に予圧を与える必要がある．予圧の意味は予め軸受の内部に圧力を加えるということである．予圧方法の検討は機械設計者にとって極めて重要な内容であるが，良い方法を見つけるのは容易ではない．

図 7.14 にアンギュラ玉軸受に予圧を与える構造の一例を示す．図に示すようにスペーサーの厚み調整により，ボールと内・外輪の間に圧力を与えている．即ち，スペーサーの厚み調整により予圧を与えられるように軸受を止める構造に設計しなければならない．

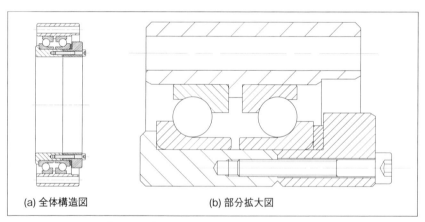

〔図 7.14〕アンギュラ玉軸受の予圧構造

7.6 軸受の油膜厚みの計算

深溝玉軸受のように一対の弾性体1と弾性体2が互いに接触する場合には，ボール表面と内・外輪軌道面の間に存在する潤滑油の油膜厚みはHamrock-Dowson の式[25-26] により計算できる.

$$H_{min} = \frac{h_{min}}{R_x} = 3.63U^{0.68}G^{0.49}W^{-0.073}\left(1 - e^{-0.68k}\right) \quad \cdots (7.9)$$

ここで，H_{min} は潤滑油の無次元油膜厚み，h_{min} は最小油膜厚みである. U は速度パラメータ，G は材料パラメータ，W は荷重パラメータと呼ばれ，それぞれ式 (7.10)，式 (7.11) と式 (7.12) で計算される. E' は等価ヤング率であり，式 (7.13) で計算される.

$$U = \frac{\eta_0 V}{E' R_x} \quad \cdots\cdots\cdots\cdots\cdots\cdots\cdots\cdots\cdots\cdots\cdots\cdots (7.10)$$

$$G = \alpha E' \quad \cdots\cdots\cdots\cdots\cdots\cdots\cdots\cdots\cdots\cdots\cdots\cdots\cdots (7.11)$$

$$W = \frac{F}{E' R_x^2} \quad \cdots\cdots\cdots\cdots\cdots\cdots\cdots\cdots\cdots\cdots\cdots (7.12)$$

$$E' = \frac{2}{\dfrac{(1 - v_1^2)}{E_1} + \dfrac{(1 - v_2^2)}{E_2}} \quad \cdots\cdots\cdots\cdots\cdots\cdots\cdots (7.13)$$

式 (7.9) において，係数 k は式 (7.14) で計算される. R_x と R_y はそれぞれ X 方向と Y 方向の主曲率半径であり，式 (7.15) で計算される.

$$k = 1.03 \left(\frac{R_y}{R_x}\right)^{0.64} \quad \cdots\cdots\cdots\cdots\cdots\cdots\cdots\cdots (7.14)$$

$$\frac{1}{R_x} = \frac{1}{r_{1x}} + \frac{1}{r_{2x}}; \quad \frac{1}{R_y} = \frac{1}{r_{1y}} + \frac{1}{r_{2y}} \quad \cdots\cdots\cdots\cdots (7.15)$$

ここで，r_{1x} と r_{1y} は弾性体1の X 方向と Y 方向の曲率半径 (m) であり，r_{2x} と r_{2y} は弾性体2の X 方向と Y 方向の曲率半径 (m) である. η_0 は潤滑油の大気圧における粘度 (Ns/m^2)，V は速度 (m/s)，α は潤滑油の粘度・

圧力係数 (m^2/N), E_1 と E_2 は弾性体 1 と 2 のヤング率 (N/m^2), v_1 と v_2 は弾性体 1 と 2 のポアソン比, F は荷重 (N) である.

7.7 FEM を用いた玉軸受の接触解析

　機械装置を設計する際には，選定した軸受の支持剛性や使用寿命を知る必要があり，また機械に使用した軸受が破損した場合には，選定した軸受の接触面の面圧や接触部品の内部せん断応力及び接触面の油膜厚みを知る必要もある．しかし軸受の支持剛性，接触面圧，油膜厚み及びせん断応力の計算は容易ではないため，筆者は三次元有限要素法 (3D-FEM) を用いた軸受の接触問題を解析できる数値解析法を提案したとともに，これらの計算が自動に完成できるソフトウェアを開発した．ここで，開発したソフトで計算した深溝玉軸受のボール荷重分布，ボール表面の接触面圧，接触面下のせん断応力及び深溝玉軸受の支持剛性の計算結果を紹介する．研究の詳細については参考文献 (27-28) を参照してほしい．

　研究対象とする深溝玉軸受の構造寸法図を図 7.15 に示す．この軸受の型番は 6207，玉の直径は 11.1125mm (7/16 inch)，玉の数は 9，基本動定格荷重は 25.7kN である．この荷重で解析は行われた．

　図 7.16(a) は研究対象とする深溝玉軸受の接触問題を解析するために

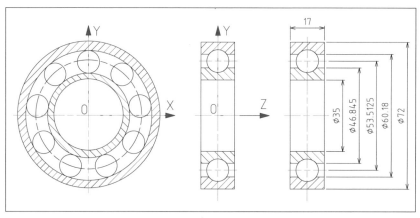

〔図 7.15〕深溝玉軸受の構造寸法図

用いた軸受の力学モデルである．図7.16(b)はこの軸受の三次元有限要素法の要素分割図（玉軸受の3D-FEMモデル）であり，図7.16(c)はボールのみの要素分割拡大図である．図7.17は応力を出力するために用いた二つの断面（断面1と断面2）を定義する図であり，図7.17において，Y_2軸は軸受の半径方向，Z_2は軸受の回転中心線方向である．

図7.18はFEM解析で得られた各ボール上の荷重と荷重分担率である．図7.19(a)と図7.19(b)はそれぞれボール表面の接触領域に分布する接

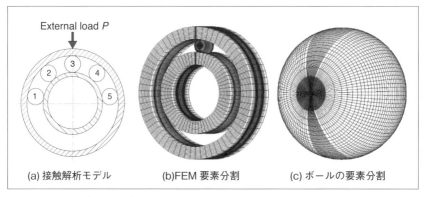

〔図7.16〕接触解析用モデル及びFEM要素分割

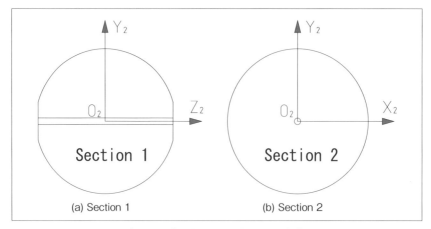

〔図7.17〕断面1と断面2の定義

触面圧の等高線図であり，ボールの番号は図7.16(a)に示されている．

図7.20に軸受のラジアル変形，または支持剛性とラジアル荷重の関係を示している．図7.21は断面1における垂直応力 σ_Y とせん断応力 τ_{zx} の等高線図である．図7.22は断面2における垂直応力 σ_Y とせん断応力 τ_{xy} の等高線図である．

解析結果の妥当性を検証するために，同じ条件で汎用CAEソフトAbaqusとヘルツ式で図7.15に示す深溝玉軸受のラジアル変形と接触面

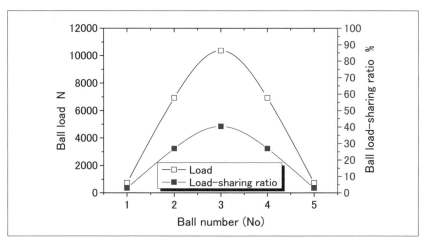

〔図7.18〕ボール上の荷重分布と荷重分担率

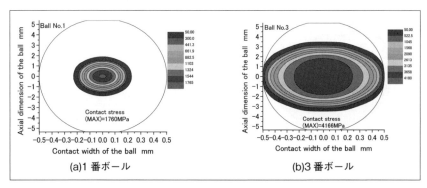

(a)1番ボール　　　　　　　(b)3番ボール

〔図7.19〕ボール表面の接触面圧分布

の面圧を解析し，これらの結果と比較した．図 7.23 と図 7.24 はそれぞれ軸受のラジアル変形と接触面圧の比較図である．これらの図において，FEM は筆者の研究で得られた結果，Abaqus は汎用ソフト Abaqus で得られた結果，Hertz はヘルツ式で得られた結果をそれぞれ表している．図示のように FEM 結果は Abaqus で得られた結果とよく一致していることが分かった．

筆者が開発したソフトの特徴は，普通のパソコンで軸受の接触問題が

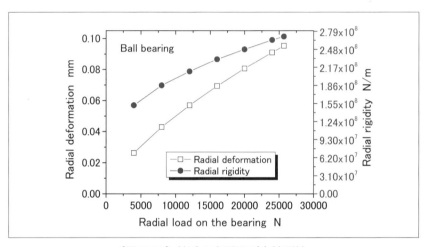

〔図 7.20〕軸受の変形及び支持剛性

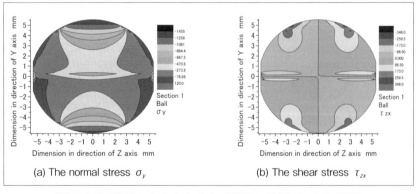

〔図 7.21〕断面 1 上の応力分布（断面 1 は図 7.17 を参照）

解析できるとともに，Abaqusのように解析モデリングを行う必要がなく，軸受の寸法とラジアル荷重をソフトに入力すれば，ソフトは自動で解析を行うことである．また解析時間はAbaqusにより半減できたことである．

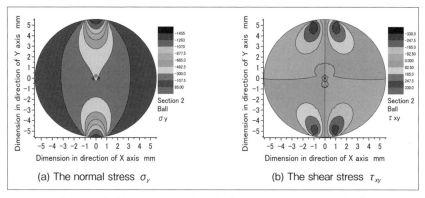

(a) The normal stress σ_y (b) The shear stress τ_{xy}

〔図7.22〕断面2上の応力分布（断面2は図7.17を参照）

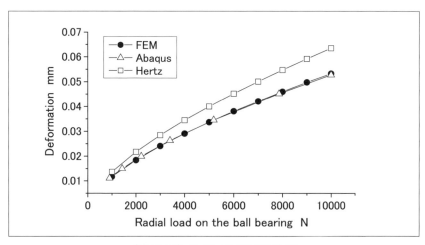

〔図7.23〕ラジアル変形の比較

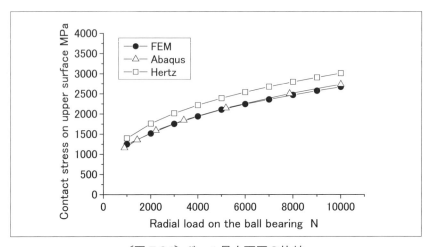

〔図 7.24〕ボール最大面圧の比較

7.8　FEMを用いた円筒ころ軸受の接触解析

　筆者が開発した専用ソフトで解析した円筒ころ軸受のころ上の荷重分布，ころ表面の接触面圧及びころの接触表面下のせん断応力の計算結果を次に紹介する．この研究の詳細については参考文献（27-28）を参照してほしい．

　研究対象とする円筒ころ軸受の構造寸法図を図7.25に示す．この軸受の型番はNU207E，ころ直径は10mm，ころ本数は11，基本動定格荷重は50.5kNであり，この荷重で解析は行われた．

　図7.26(a)は円筒こと軸受の接触解析のために用いた力学モデルである．図7.26(b)は円筒こと軸受の要素分割図（3D-FEMモデル）である．図7.27は応力を出力するために断面1と断面2を定義する図である．図7.27において，Y_2軸は軸受のラジアル方向，Z_2は軸受の回転中心線方向である．

　図7.28は解析で得られた円筒ころ軸受の各ころ上の荷重と荷重分担率である．

　図7.29(a)，図7.29(b)，図7.29(c)と図7.29(d)はそれぞれころ表面の

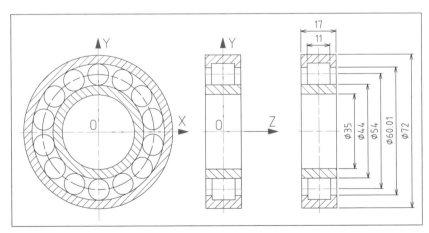

〔図7.25〕円筒ころ軸受の構造寸法図

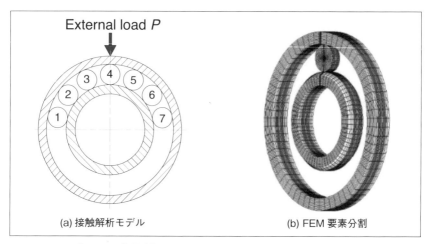

〔図 7.26〕接触解析モデルと FEM 要素分割パターン

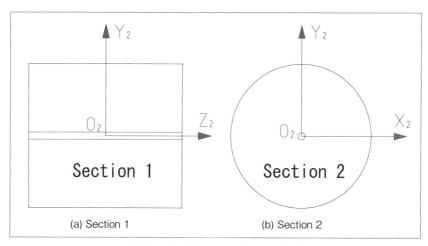

〔図 7.27〕断面 1 と断面 2 の定義

接触領域に分布する接触面圧の等高線図である．ころ番号は図 7.26(a) に示されている．

図 7.30 は断面 1 における垂直応力 σ_Y とせん断応力 τ_{zx} の等高線図である．図 7.31 は断面 2 における垂直応力 σ_Y とせん断応力 τ_{xy} の等高線図である．

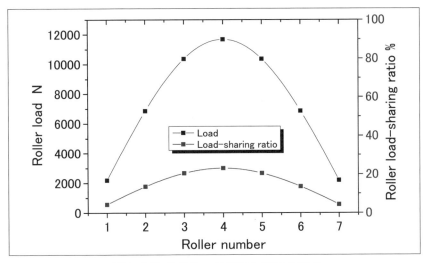

〔図7.28〕各ころ上の荷重と荷重分担率

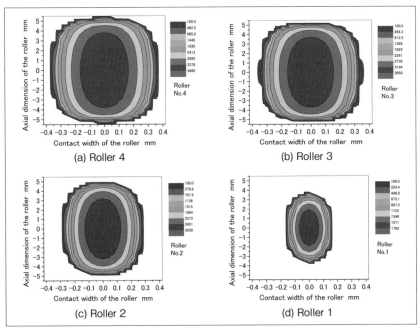

〔図7.29〕ころ表面上の接触面圧（MPa）（normal crowning）

筆者が開発したソフトの特徴は，ころ母線形状（クラウニング）の影響が簡単に考慮できる点である．

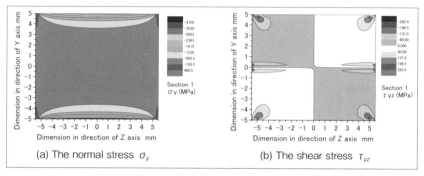

〔図7.30〕断面1上の応力分布

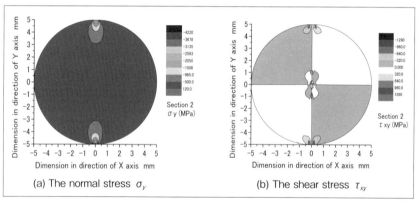

〔図7.31〕断面2上の応力分布

第8章

減速機の密封，換気と潤滑

8.1　オイルシール挿入部の軸とハウジングの設計

　歯車箱を設計する時には，歯車や軸受を潤滑するために，歯車箱に潤滑油やグリースを充填する必要がある．充填された潤滑剤の油漏れを防ぐために，一般的に軸受の外側（大気側）にオイルシールを配置する．オイルシールを使用する場合には，オイルシールのリップ面と接触する軸の部分及びオイルシールの外周面と接触するハウジング穴部分の設計に注意を払う必要がある[29]．

　図8.1はオイルシールのリップと接触する軸部分の設計を説明するために用いるものである．軸を設計する時には，次に示す点に注意しなければならない．

①軸の材料は機械構造用炭素鋼を推奨する．鋳物は軸表面にピンホールができやすく，シール性能を損なう可能性があるので，使用時，注意のこと．

②リップと接触する軸表面の硬さは一般に30HRC以上のこと．

③リップと接触する軸表面の加工は機械加工のリード等なき様に，一般には送りをかけないグラインダー仕上げが望ましい．特に表面に傷の有無に注意のこと．

④リップと接触する軸表面の粗さはRz (2.5〜0.8) μm 又はRa (0.63〜0.2) μm であること．

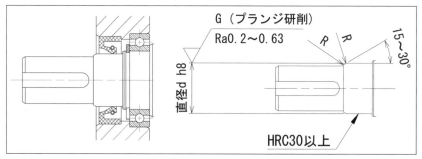

〔図8.1〕オイルシールと接触する軸部分の設計

⑤リップと接触する軸の公差は JIS B 0401 の h8 を推奨する.
⑥軸先端の構造について,オイルシール挿入側の軸端は 15〜30°のテーパを付け,各角部は R を付けること.

図 8.2 はオイルシールの外周と接触するハウジング穴の設計を説明するために用いるものである.ハウジング穴を設計する時には,次に示す点に注意する必要がある[29].

①ハウジング材料は鋼や鋳鉄が適する.軽合金の場合には,熱膨張が大きいため,外周はゴムであるオイルシールを使用する.
②はめあい面の表面状態(面粗さ)について,外周にも油漏れの危険を伴うため,ハウジング穴表面の面粗さは Rz (12.5〜1.6) μm 又は Ra (3.2〜0.4) μm の仕上げが必要である.
③はめあい面の公差については,JIS B 0401 の H8 を適用する.
④ハウジング穴の寸法設計は表 8.1 を適用する.

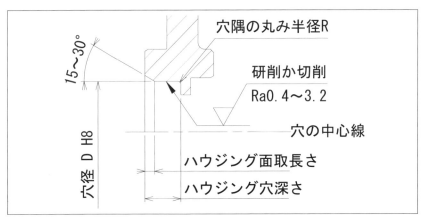

〔図 8.2〕ハウジング部分の設計

〔表 8.1〕ハウジング穴の寸法設計[29]

オイルシールの呼び幅 (B) (mm)	最小ハウジング穴深さ (mm)	ハウジング面取長さ (mm)	最大ハウジング穴隅の丸み (mm)
B ≦ 10	B+1.2	0.70〜1.00	0.50
B > 10	B+1.5	1.00〜1.30	0.75

8.2 オイルシールに関する計算

8.2.1 オイルシールの抜け力の計算

オイルシールの外周とハウジング穴のはめあいは締まりばめであり，その締め代はオイルシールが抜けるかどうかの決め手である．一般的にオイルシールはハウジング穴から抜けないように設計されているが，機械の高い内部圧力によりオイルシールが抜けた場合には，オイルシールを抜き出すために必要な抜け力を次に示すように検討できる．

オイルシールの外周はゴム円環である場合には，オイルシールの外周とハウジング穴の締め代をゴム円環の半径方向の弾性変形量として，オイルシールの外周とハウジング穴の間に生じた面圧の計算に利用することができる．この面圧に摩擦係数をかければ，結果はオイルシールとハウジング穴の間に生じた軸方向の摩擦力となり，オイルシールの耐えられる抜け力ともなる．従って，この摩擦力を求めればよい．

8.2.2 オイルシールの周速と走る距離の計算

オイルシールの使用寿命計算は難しい課題とされているので，その代わりにオイルシールの周速と走る距離は計算される．オイルシールメーカーのカタログにオイルシールの使用制限周速が定まっているので，オイルシールを使用する場合には，この制限周速を超えないように使用する必要がある．オイルシールの周速度 V は式 (8.1) で計算され，またオイルシールの走る距離 S は式 (8.2) で計算される．

$$V = \frac{\pi d n}{60 \times 1000} \quad \cdots\cdots\cdots\cdots\cdots\cdots\cdots\cdots\cdots\cdots\cdots \quad (8.1)$$

$$S = (2\pi d) \times n \times 60 \times 3600 \times \frac{L_h}{1000} \quad \cdots\cdots\cdots\cdots\cdots \quad (8.2)$$

ここで，V はオイルシールの周速（m/s），S はオイルシールのリップ

- 147 -

8章 減速機の密封, 換気と潤滑

面の軸に対する走る距離（km）, d はオイルシールを取り付ける軸の直径（mm）, n は軸の回転数（rpm）, L_h は減速機の定格使用寿命（Hrs）である.

8.3 オイルシールの使用条件チェック

　オイルシールを使用する時には，次に示す使用条件を満たす必要がある．（1）軸の周速制限；（2）軸の振れ公差の制限；（3）軸の仕上げ（面粗さ）の制限；（4）軸の取付偏心量の制限；（5）油温の制限；（6）機内の内部圧力制限．表 8.2 は NOK（株）社 [29] が作成したオイルシールの使用条件の制限値の一部分である．表 8.2 より，オイルシールの使用は内部温度 80°以下，内部圧力は 0.03MPa 以下で制限されている．オイルシールを使用する前に必ずオイルシールの制限条件をチェックする必要がある．詳細については，（株）ジェイテクトや NOK（株）の製品カタログ [29] を参照してほしい．

〔表 8.2〕オイルシールの使用条件制限

軸径（mm）	Φ10 以下			Φ10 をこえ Φ 20 以下			Φ20 をこえ Φ 40 以下		
周速（m/s）	0〜1.5	1.5〜3	3〜4.5	0〜3	3〜5	5〜8	0〜4	4〜8	8〜12
軸の振れ Max（mmTIR）	0.07	0.05	0.03	0.15	0.1	0.05	0.25	0.15	0.1
軸仕上（umRz） Max（uvmRa）	3 0.8	1.5 0.4	0.8 0.2	3 0.8	1.5 0.8	0.8 0.2	3 0.8	1.5 0.4	0.8 0.2
取付偏心 Max（mmTIR）	0.1	0.07	0.05	0.2	0.15	0.07	0.25	0.15	0.1
油温 Max（℃）	80								
圧力（kPa） Max（kgf/cm²）	29.4 0.3								
軸径（mm）	Φ70 を超え Φ110 以下			Φ110 を超え Φ160 以下			Φ160 を超えるもの		
周速（m/s）	0〜5	5〜10	10〜15	0〜5	5〜10	10〜15	0〜5	5〜10	10〜15
軸の振れ Max（mmTIR）	0.35	0.25	0.1	0.4	0.3	0.2	0.4	0.3	0.2
軸仕上（umRz） Max（umRa）	3 0.8	1.5 0.4	0.8 0.2	3 0.8	1.5 0.4	0.8 0.2	3 0.8	1.5 0.4	0.8 0.2
取付偏心 Max（mmTIR）	0.4	0.3	0.2	0.45	0.3	0.2	0.45	0.3	0.2
油温 Max（℃）	80								
圧力（kPa） Max（kgf/cm²）	19.6 0.2								

- 149 -

8.4 オイルシールの使用図例

　一般的にオイルシールは図8.3に示すように機械の外側からハウジング穴に挿入される．その理由はオイルシールの挿入が容易になるためである．図8.4に減速機におけるオイルシールの使用例を示し，オイルシールの取り付け部の拡大図を図8.5に示している．減速機を設計する時には，図8.5を参照してほしい．

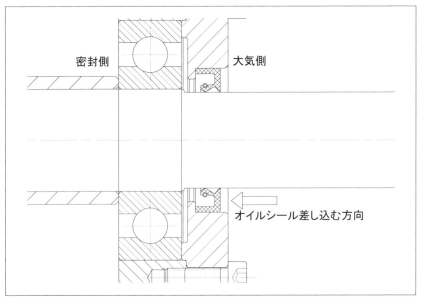

〔図8.3〕オイルシールの取り付け方

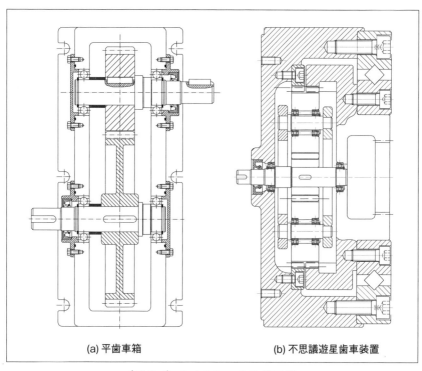

(a) 平歯車箱　　　(b) 不思議遊星歯車装置

〔図 8.4〕オイルシールの使用例

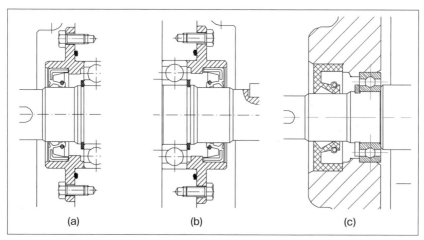

(a)　　　(b)　　　(c)

〔図 8.5〕オイルシール挿入部の拡大図

8.5　Oリング溝の設計及び使用例

　オイルシールは回転しないハウジング穴と回転する軸の間に挿入され，機械内部の油漏れを防ぐように使われるが，Oリングは一般的に互いに相対運動のない部品の表面に挟まれ，使用される．勿論，使用の目的は油や空気の漏れを防ぐことである．
　Oリングは一般的に図 8.6 に示すように一つの部品の表面に作られたOリング溝に入れられるように使用される．従って，機械部品を設計・製図する時には，Oリング溝の設計・製図はとても重要である．Oリング溝の形状と寸法は既に規格化されているので，Oリング溝を製図する時には，メーカのカタログを参考にして製図する必要があり，溝の形状と寸法を勝手に変えてはいけない．
　図 8.7 は O リングの使用・製図例である．Oリング溝の製図や加工の際には，表 8.3 を参考にするとよい．表 8.3 はメーカが定めた O リング溝の表面粗さの推薦値である．

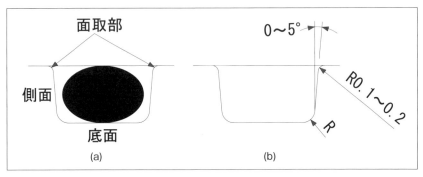

〔図 8.6〕Oリングの溝設計

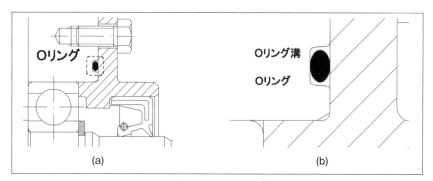

〔図 8.7〕O リングの使用図例

〔表 8.3〕O リング溝の表面粗さ[29]

機器の区分	用途	圧力のかかり方		表面粗さ Ra	表面粗さ Rz
溝の側面及び底面	固定用	脈動なし	平面	3.2	12.5
			円筒面	1.6	6.3
	運動用	バックアップリングを使用する場合		1.6	6.3
		バックアップリングを使用しない場合		0.8	3.2
O リングのシール部の接触面	固定用	脈動なし		1.6	6.3
		脈動あり		0.8	3.2
	運動用	−		0.4	1.6
O リングの装着用面取り部	−	−		3.2	12.5

8章 減速機の密封,換気と潤滑

8.6 減速機の換気

　減速機のような回転機械を設計する時には,歯車箱はオイルシールなどにより密封されるので,減速機内部の密封空間に配置された歯車が回転すると,空気の流れが発生し,減速機内部の気圧が高まることになる.この内部気圧は 0.03MPa を超えると,オイルシールの耐えられる限界圧力を超えるので,オイルシールのリップ面は捲れ,減速機内部の潤滑剤が外部へ漏れ出す可能性がある.従って,油漏れを防ぐために,高い圧力に耐えられる高圧オイルシールを使用するか歯車箱表面に換気孔を設計することにより内圧調整を行う必要がある.

　図 8.8 はウォーム減速機の歯車箱である.図に示すように歯車箱の表面に換気孔が設けられ,この換気孔で減速機内部の気圧を減少させることができる.勿論,換気孔は減速機の上部表面に設置したほうがよい.下部や側面に設置すると,換気孔から油漏れが発生する恐れがある.減速機の内圧が高くない場合には,換気孔を設ける必要はない.この内圧は 0.03MPa を下回っていることを実測で確認できる.

〔図 8.8〕青木精密工業(株)製ウォーム減速機

8.7　減速機の潤滑

　回転機械を使用する前に，潤滑剤を充填する必要がある．潤滑剤を充填するために，機械の表面に給油用穴を設ける必要がある．また潤滑剤を交換する時には，機械表面に排油穴を設ける必要がある．潤滑剤がグリースであれば，グリースガンでグリースを入れるために必要なグリースニップルを給油穴に取り付ける必要がある．そして，潤滑剤が漏れないようにするために，排脂（油）穴にプラグを取り付ける必要がある．図 8.9 に減速機の給脂と排脂穴の設計例を示す．図に示すように給脂穴は減速機の上部に，排脂穴は減速機の下部に設計されている．給脂穴と排脂穴の位置は機械内部の潤滑剤交換に重要なので，油やグリースがスムーズに流れるように給・排脂（油）穴の設置位置を慎重に検討すべきである．

8章 減速機の密封, 換気と潤滑

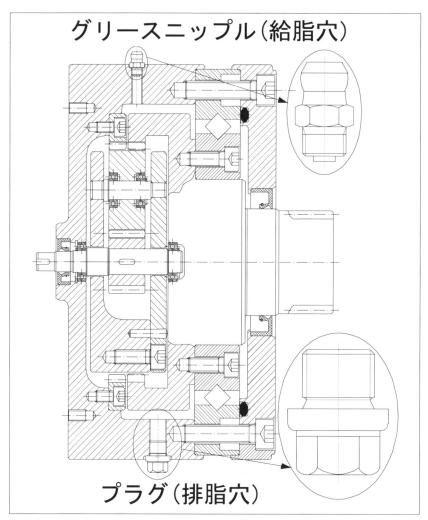

〔図 8.9〕グリースニップルの使い方

第9章

遊星歯車装置の基礎

図 9.1 に示すように中央部に一つの外歯車，外側に一つの内歯車，そして外歯車と内歯車の間に多数の外歯車が配置されて，これらの歯車が互いにかみあいながら回転する機構が遊星歯車機構である．中央部に配置された外歯車は太陽歯車と呼ばれ，太陽歯車とかみあう外歯車は遊星歯車と呼ばれる．図 9.1 に示すように三つの遊星歯車は太陽歯車及び内歯車と同時にかみあっている．内歯車はリンクギヤとも呼ばれている．

　内歯車は固定されている場合には，太陽歯車を入力軸として回転させると，遊星歯車は太陽歯車及び内歯車とのかみあいにより，太陽歯車の周りに旋回するとともに，自分の中心軸の周りにも回るようになる．前者は遊星歯車の公転と，後者は遊星歯車の自転と呼ばれる．即ち，遊星歯車に公転と自転の二つの回転運動があり，太陽系にある惑星の公転と

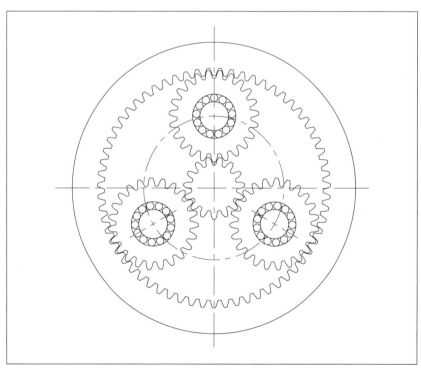

〔図 9.1〕遊星歯車機構

自転のように回転するので，この機構は遊星歯車機構と名付けられた．

　遊星歯車装置の特徴は大減速比である．一対の歯車がかみあう場合には，一般的に減速比は 2 程度になってしまうため，大減速比を得るためには歯車を多段化する必要がある．しかし多段化により減速機のサイズが大きくなってしまい，製品化しにくいという欠点がある．この欠点を克服するために，遊星歯車機構は提案されたと考えられる．一般的に 1 段遊星歯車機構を使えば，最大 14 の減速比が取れるとともに，減速機をコンパクト，軽量，低コストで設計できる．従って，遊星歯車機構は航空機エンジン，ヘリコプター，自動車などのトランスミッションに多用されている．

9.1　遊星歯車機構のコンセプト図

　多段化された遊星歯車機構はかなり複雑な構造になるので，図 9.1 に示すような断面図ではこの機構をうまく表現できなくなる．従って，図 9.2 に示すような遊星歯車機構のコンセプト図（原理図）が提案された．図 9.2 は図 9.1 に示すに遊星歯車機構のコンセプト図であり，図 9.2 に使用した各符号の意味を図 9.3 に解説している．

　図 9.2 において，S は太陽歯車（Sun Gear），P は遊星歯車（Planetary Gear），I は内歯車（Internal Gear），C は遊星キャリア（Carrier）を表している．また S，P，I と C はそれぞれ英語の Sun gear，Planetary Gear，Internal gear と Carrier の冒頭文字である．図 9.3 に示す符号を用いれば，内歯車，遊星歯車，太陽歯車，キャリア，軸受，軸と歯車の締結がうまく表現できるようになる．

　太陽歯車，遊星歯車と内歯車の歯数をそれぞれ Z_S, Z_P と Z_I で表す場合には，遊星歯車機構を成立させるために，次に示す三つの制限条件 1 ～ 3 が課されている．その理由は第 9.3 節に詳しく説明する．

　　　制限条件 1 ：　$Z_I = Z_S + 2Z_P$ ······························(9.1)

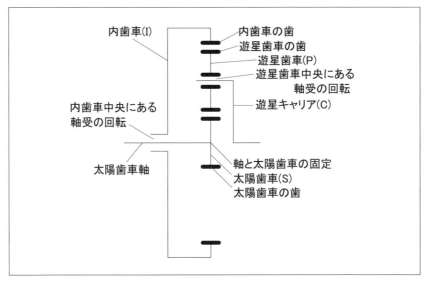

〔図 9.2〕遊星歯車機構のコンセプト図

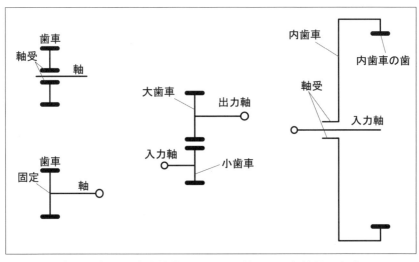

〔図 9.3〕遊星歯車機構の原理図に使用した各符号の意味

制限条件 2： $\dfrac{Z_S + Z_I}{N} = 整数$ ……………………………… (9.2)

制限条件 3： $Z_P + 2 < (Z_S + Z_P) sin \dfrac{180°}{N}$ …………… (9.3)

ここで，N は遊星歯車の数であり，一般的に $N=2,3,4$ である．図 9.1 は $N=3$ の遊星歯車機構であり，この 3 個の遊星歯車は遊星キャリアにより連結され，キャリアと一緒に回転するようになる．この回転は遊星歯車の公転である．

図 9.4(a) と (b) はそれぞれ $N=2$ と $N=4$ の遊星歯車機構である．一般的に遊星歯車の数が多いほうが遊星歯車機構の負荷能力が高くなるが，多くの遊星歯車を使うと，減速機のコストも高くなるので，必要以上の遊星歯車の数を使用しないことが重要である．

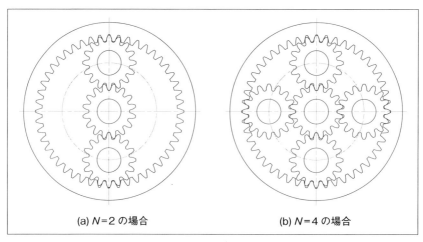

(a) $N=2$ の場合   (b) $N=4$ の場合

〔図 9.4〕$N=2$ と $N=4$ の遊星歯車機構

9.2 遊星歯車機構の使い方

図 9.2 に示す遊星歯車機構に対して，太陽歯車，遊星キャリアと内歯車の三つの部品の中に一つを固定部品とし，一つを入力軸とし，もう一つを出力軸として使用すると，三つの組合せがあり，三種類の遊星歯車機構が得られる．この三種類の遊星歯車機構をそれぞれ図 9.5(a),(b) と (c) に示す．図 9.5 において，(a) はプラネタリー型遊星歯車機構，(b) はソーラ型遊星歯車機構，(c) はスター型遊星歯車機構と呼ばれている．図 9.5(a) のプラネタリー型遊星歯車機構において，内歯車が固定され，太陽歯車は入力軸とし，キャリアは出力軸として利用されている．図 9.5(b) のソーラ型遊星歯車機構において，太陽歯車が固定され，キャリアは入力軸とし，内歯車は出力軸として利用されている．図 9.5(c) のスター型遊星歯車機構において，キャリアが固定され，太陽歯車は入力軸とし，内歯車は出力軸として利用されている．三種類の機構の速比 i がそれぞれ異なり，糊付け法によりそれぞれ求まる．

プラネタリー型遊星歯車機構の速比計算のための糊付け法を表 9.1 に示す．速比は式 (9.4) で求まる．

ソーラ型遊星歯車機構の速比計算のための糊付け法を表 9.2 に示す．

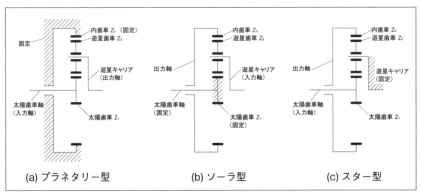

〔図 9.5〕三種類の遊星歯車機構

⚙ 9章 遊星歯車装置の基礎

〔表9.1〕プラネタリー型遊星歯車機構の速比計算（糊付け法）

	キャリア（出力）	太陽歯車 z_S（入力）	遊星歯車 z_P	内歯車 z_I（固定）
(1) キャリアを固定し，太陽歯車 z_1 を1回転する	0	+1	$-\dfrac{z_S}{z_P}$	$-\dfrac{z_S}{z_I}$
(2) 全体を糊付けにして $+\dfrac{z_1}{z_3}$ 回転する（z_3 は固定されるため）	$+\dfrac{z_S}{z_I}$	$+\dfrac{z_S}{z_I}$	$+\dfrac{z_S}{z_I}$	$+\dfrac{z_S}{z_I}$
(1) + (2) を合計する	$+\dfrac{z_S}{z_I}$	$+\dfrac{z_S}{z_I}$	$\dfrac{z_S}{z_I}-\dfrac{z_S}{z_P}$	0（固定）

〔表9.2〕ソーラ型遊星歯車機構の速比計算（糊付け法）

	キャリア（入力）	太陽歯車 z_S（固定）	遊星歯車 z_P	内歯車 z_I（出力）
(1) キャリアを固定し，太陽歯車 z_1 を1回転する	0	+1	$-\dfrac{z_S}{z_P}$	$-\dfrac{z_S}{z_I}$
(2) 全体を糊付けにして1回転する（z_1 は固定されるため）	−1	−1	−1	−1
(1) + (2) を合計する	−1	0（固定）	$-\dfrac{z_S}{z_P}-1$	$-\dfrac{z_S}{z_P}-1$

速比は式 (9.5) で求まる．

スター型遊星歯車機構の速比計算のための糊付け法を表9.3に示す．速比は式 (9.6) で求まる．

$$減速比 \quad i = \frac{1+\dfrac{z_S}{z_I}}{\dfrac{z_S}{z_I}} = \frac{z_I}{z_S}+1 \quad \cdots\cdots\cdots\cdots\cdots\cdots\cdots\cdots\cdots (9.4)$$

$$減速比 \quad i = \frac{-1}{-\dfrac{z_S}{z_I}-1} = \frac{Z_I}{Z_S+Z_I} \quad \cdots\cdots\cdots\cdots\cdots\cdots\cdots (9.5)$$

$$減速比 \quad i = \frac{1}{-\dfrac{z_S}{z_I}} = -\frac{z_I}{z_S} \quad \cdots\cdots\cdots\cdots\cdots\cdots\cdots\cdots (9.6)$$

– 164 –

〔表9.3〕スター型遊星歯車機構の速比計算の糊付け法

	キャリア (固定)	太陽歯車 z_S(入力)	遊星歯車 z_P	内歯車 z_I(出力)
(1) キャリアを固定し，太陽歯車 z_1 を1回転する	0	+1	$-\dfrac{z_S}{z_P}$	$-\dfrac{z_S}{z_I}$
(2) 全体を糊付けにして0回転する 　（キャリア固定のため）	0	0	0	0
(1) + (2) を合計する	0 (固定)	1	$-\dfrac{z_S}{z_P}$	$-\dfrac{z_S}{z_I}$

9.3 遊星歯車機構の制限条件

遊星歯車機構を成立させるために，次に三つの制限条件が課されている．

(1) 同軸制限条件

遊星歯車機構が成立つために，遊星歯車と内歯車がかみあう時の軸中心間距離は太陽歯車と遊星歯車がかみあう時の軸中心間距離と等しくならなければならない．この条件は遊星歯車機構の同軸制限条件と呼ばれる．転位のない標準内・外平歯車が遊星歯車機構に使用される場合には，この同軸制限条件を図 9.6 より式 (9.7) で簡単に表現することができる．

 太陽歯車の基準ピッチ円半径＋ 2 ×遊星歯車のピッチ円半径

  ＝内歯車の基準ピッチ円半径   ……(9.7)

太陽歯車，遊星歯車及び内歯車のピッチ円半径をそれぞれ r_S, r_P と r_I

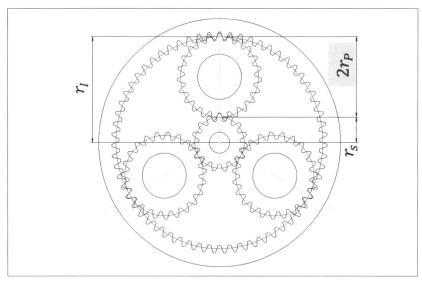

〔図 9.6〕同軸条件制限の説明図

とすれば，式 (9.7) は式 (9.8) に書き換えられる．また歯車のピッチ円直径＝歯数×モジュールという関係を用いれば，式 (9.9) が得られる．そして式 (9.9) を整理すれば，式 (9.10) が得られる．即ち，太陽歯車，遊星歯車と内歯車の歯数を決める時には，式 (9.10) を満足させなければならない．ここで，m は歯車のモジュールである．

$$r_s + 2r_P = r_I \quad \cdots\cdots\cdots\cdots\cdots\cdots\cdots\cdots\cdots\cdots\cdots\cdots\cdots\cdots\cdots (9.8)$$

$$\frac{1}{2}mZ_s + 2 \times \left(\frac{1}{2}mZ_P\right) = \frac{1}{2}mZ_I \quad \cdots\cdots\cdots\cdots\cdots\cdots\cdots\cdots\cdots\cdots (9.9)$$

$$Z_s + 2 \times Z_P = Z_I \quad \cdots\cdots\cdots\cdots\cdots\cdots\cdots\cdots\cdots\cdots\cdots\cdots (9.10)$$

転位歯車を用いた遊星歯車機構の場合には，式 (9.7) に示す基準ピッチ円はかみあいピッチ円になるが，"遊星歯車と内歯車の軸中心間距離＝遊星歯車と太陽歯車の軸中心間距離" という条件でチェックすると計算は簡単になる．

（2）遊星歯車の配置制限条件

図 9.7 に示すように三個の遊星歯車を円周方向に等間隔で配置できるようにするために，内歯車，遊星歯車と太陽歯車のピッチ円上の一部分の円弧から構成されて，閉じた太線の長さは歯の円周ピッチの整数倍でなければならない．即ち，（内歯車のピッチ円上の部分円弧長さ L_1＋2×遊星歯車のピッチ円上の部分円弧長さ L_2＋太陽歯車のピッチ円上の部分円弧長さ L_3）を歯の円周ピッチで除した値は整数でなければならない．内歯車のピッチ円上の部分円弧長さは $L_1 = (mZ_I \pi)/n$，遊星歯車のピッチ円上の部分円弧長さは $L_2 = (mZ_P \pi)/2$，太陽歯車のピッチ円上の部分円弧長さは $L_3 = mZ_S \pi/n$，歯の円周ピッチは $t = m\pi$ で求まるので，遊星歯車の配置制限条件を式 (9.11) で具現化することができる．

$$\frac{mZ_I\pi/n + 2 \times mZ_P\pi/2 + mZ_S\pi/n}{m\pi} = \frac{1}{n}(Z_I + Z_S) + Z_P = 整数$$

$$\cdots\cdots (9.11)$$

9章 遊星歯車装置の基礎

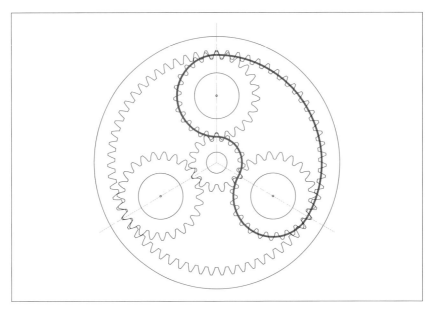

〔図 9.7〕遊星歯車の配置制限条件

また遊星歯車の歯数 Z_P は必ず整数であるので，式 (9.11) を式 (9.12) に簡略化することができる．式 (9.12) は遊星歯車の配置制限条件となる．

$$\frac{1}{n}(Z_I + Z_S) = 整数 \quad \cdots\cdots\cdots\cdots\cdots\cdots\cdots\cdots (9.12)$$

（3）遊星歯車同士の接近制限条件

図 9.8 に示すように多数の遊星歯車を使用する場合には，隣同士の遊星歯車が互いにぶつからないように式 (9.13) の制限条件を課す必要がある．

（遊星歯車 1 の歯先円半径 + 遊星歯車 2 の歯先円半径）
$$< 隣同士の遊星歯車の中心間距離 L \quad \cdots\cdots (9.13)$$

N 個の遊星歯車は全く同じ諸元で設計されているので，上式の左側は遊星歯車の歯先円の直径となる．即ち，式 (9.13) を式 (9.14) に書き換えられる．

遊星歯車の歯先円直径＜隣の遊星歯車同士の中心間距離L

…… (9.14)

　転位のない標準歯車を用いれば，遊星歯車の歯先円直径は式 (9.15) で求まる．また隣同士の遊星歯車の中心間距離 L は図 9.8 に示す二等辺三角形において式 (9.16) で求まるので，式 (9.15) と式 (9.16) を式 (9.14) に代入すれば，式 (9.17) が得られる．式 (9.17) は遊星歯車の外形干渉条件とも呼ばれる．

$$2 \times (0.5mZ_P + h_k) = 2 \times (0.5mZ_P + m) \quad \cdots\cdots\cdots (9.15)$$

$$L = 2\frac{1}{2}m(Z_S + Z_P)\sin\frac{\pi}{n} \quad \cdots\cdots\cdots\cdots\cdots (9.16)$$

$$Z_P + 2 < (Z_S + Z_P)\sin\frac{\pi}{n} \quad \cdots\cdots\cdots\cdots\cdots\cdots (9.17)$$

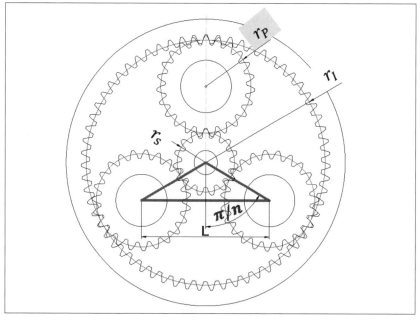

〔図 9.8〕遊星歯車同士の接近制限条件の説明図

9.4 遊星歯車機構の分類

遊星歯車機構の多段化・多様化により，遊星歯車機構は複雑な構造になり，遊星歯車機構を分類する必要がある．遊星歯車機構の入力軸，出力軸および補助軸の3軸を基本軸と呼ぶ．遊星歯車装置を構成する太陽歯車および内歯車を符号Kで，キャリアを符号Hで，遊星歯車を符号Vで表し，この3要素が基本軸のうちどれにあたるかによって分類する方法がある．この分類法により，次に示す3種類の遊星歯車機構を紹介する．

(1) 2K-H型

2K-H型遊星歯車機構は2個の太陽歯車及び内歯車が基本軸となり，もっとも広く用いられている．図9.9に代表的な2K-H型遊星歯車機構を示す．図9.9(a)は太陽歯車2個(2K)とキャリア(H)から構成されている．図9.9(b)は太陽歯車1個(1K)，内歯車1個(1K)とキャリア(H)から構成されている．

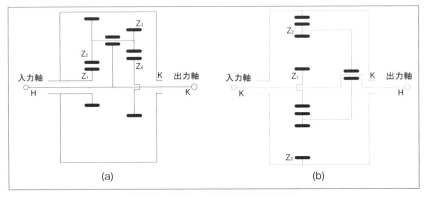

〔図9.9〕2K-H型遊星歯車装置

- 170 -

(2) K-H-V 型

K-H-V 型遊星歯車機構は太陽歯車（内歯車），遊星歯車とキャリアがそのまま基本軸となっている．図 9.10 に代表的な機構を示す．図 9.10(a) は内歯車 1 個（K），遊星歯車 1 個（V）とキャリア（H）から構成されている．図 9.10(b) は太陽歯車 1 個（1K），遊星歯車 1 個（V）とキャリア（H）から構成されている．図 9.10(a) を応用した製品はサイクロイド減速機がある．

(3) 3K 型

3K 型遊星歯車機構は太陽歯車と内歯車の合計は三つである歯車機構である．図 9.11 に代表的な機構を示す．図 9.11(a) は内歯車 2 個（2K），太陽歯車 1 個（K）とその他の部品から構成されている．図 9.11(b) は太陽歯車 2 個（2K），内歯車 1 個（K）とその他の部分から構成されている．

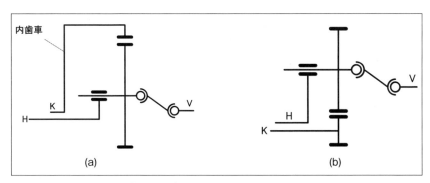

〔図 9.10〕K-H-V 型遊星歯車機構

9章 遊星歯車装置の基礎

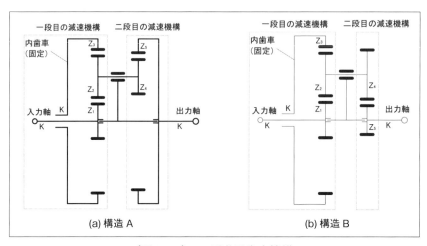

〔図 9.11〕3K 型遊星歯車機構

9.5 不思議遊星歯車機構

1個の歯車が同じ歯面で2個以上の歯車と同時にかみあう歯車機構は不思議歯車機構と呼ばれ，この不思議歯車機構を遊星歯車機構に使用した場合には，この遊星歯車機構は不思議遊星歯車機構になる．図9.12は不思議遊星歯車機構の一例である．図9.12に示すように1個の遊星歯車は同じ歯面で2個の内歯車（Z_3とZ_4）と同時にかみあっている．この機構の速比は普通の遊星歯車機構と同じように糊付け法で求まる．表9.4は図9.12に示す不思議遊星歯車機構の速比を計算するための糊付け法である．図9.12に示すように太陽歯車Z_1を入力軸，内歯車Z_4を出力軸，内歯車Z_3を固定部品として使用する場合には，速比は太陽歯車Z_1と内歯車Z_4の角速度の比で計算される．即ち，式(9.18)になる．

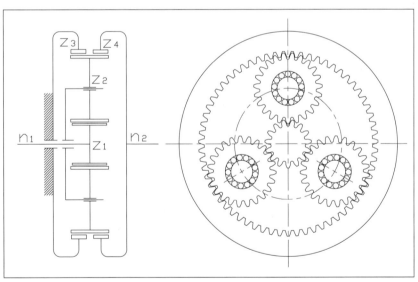

〔図9.12〕不思議遊星歯車機構[6]

9章 遊星歯車装置の基礎

〔表9.4〕不思議遊星歯車機構の速比計算（糊付け法）

	キャリア	z_1	z_2	z_3	z_4
(1) 固定	0	+1	$-\dfrac{z_1}{z_2}$	$-\dfrac{z_1}{z_3}$	$-\dfrac{z_1}{z_4}$
(2) 全体糊付け $+\frac{z_1}{z_3}$ 回転する	$+\dfrac{z_1}{z_3}$	$+\dfrac{z_1}{z_3}$	$+\dfrac{z_1}{z_3}$	$+\dfrac{z_1}{z_3}$	$+\dfrac{z_1}{z_3}$
(1) + (2)		$1+\dfrac{z_1}{z_3}$		0	$\dfrac{z_1}{z_3}-\dfrac{z_1}{z_4}$

$$\text{減速比} \quad i = \left(1+\frac{z_1}{z_3}\right) \Big/ \left(\frac{z_1}{z_3}-\frac{z_1}{z_4}\right) = \frac{1+(z_3/z_1)}{1-(z_3/z_4)} \quad \cdots\cdots \ (9.18)$$

第10章

遊星歯車装置の力分析

10.1 プラネタリー型遊星歯車装置の力分析

プラネタリー型遊星歯車装置は内歯車が固定され，太陽歯車が入力，キャリアが出力として利用されている．図 10.1 に示すように符号 S, P と I はそれぞれ太陽歯車，遊星歯車と内歯車を表し，Z_S, Z_P と Z_I はそれぞれ太陽歯車，遊星歯車と内歯車の歯数を表す．太陽歯車，遊星歯車と内歯車の基礎円半径をそれぞれ R_{gS}, R_{gP} と R_{gI} で表す．また Θ_S, Θ_P と Θ_C はそれぞれ太陽歯車，遊星歯車とキャリアの位置を示す回転角である．

プラネタリー型遊星歯車装置の場合には，Θ_S が既知として与えられれば，Θ_C と Θ_P は式 (10.1) と式 (10.2) で求まる．

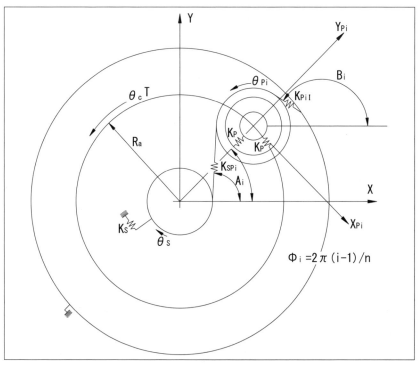

〔図 10.1〕プラネタリー型遊星歯車装置の力分析モデル

$$\Theta_C = \frac{Z_S}{Z_S + Z_I}\Theta_S \quad \cdots\cdots\cdots\cdots\cdots\cdots\cdots\cdots\cdots \quad (10.1)$$

$$\Theta_P = \frac{Z_S(Z_P - Z_I)}{Z_P(Z_S + Z_I)}\Theta_S \quad \cdots\cdots\cdots\cdots\cdots\cdots\cdots \quad (10.2)$$

　この装置を構成する各部品に発生する力を分析するために，図10.1に示す静的な力学モデルを提案する．図10.1において，太陽歯車は入力軸に連結されるので，入力軸のねじり剛性を考慮するために，太陽歯車の円周方向にねじりバネ K_S を付けて太陽歯車を固定する．また内歯車は固定されるので，内歯車を回転させないように円周方向に固定する．キャリアは出力軸として利用されるので，キャリアに角度変形 θ_C を与えることにより，キャリアを円周方向に自由に変形させるとともに，負荷トルク T を加えている．

　太陽歯車と遊星歯車がかみあう場合には，作用線上の歯のかみあい剛性をバネ K_{SPi} で表し，このバネで太陽歯車と遊星歯車の歯を作用線に沿って連結する．また遊星歯車と内歯車がかみあう場合には作用線上の歯のかみあい剛性をバネ K_{PiI} で表し，このバネで遊星歯車と内歯車の歯を作用線に沿って連結する．K_{SPi} と K_{PiI} は筆者が開発した専用有限要素法ソフトで求まる[11-15]．

　遊星歯車を支える軸受の支持剛性の影響を考慮するために，遊星歯車をバネ K_P で円周方向と半径方向に支持する．

　図10.1には，遊星歯車1個しか示していないが，力分析の際には，この遊星歯車は N 個の遊星歯車を代表して使われるので，実際には N 個の遊星歯車が考慮されている状態で力分析を行っている．ここで N は遊星歯車の総数である．

（1）各バネに発生する力について

　太陽歯車と各遊星歯車の角度変形をそれぞれ角度 θ_S と $\theta_{Pi}(i=1,2,..,N)$ で表す場合には，太陽歯車に締結した入力軸に発生するトルクは式(10.3) で求まる．また太陽歯車と i 番目の遊星歯車がかみあう時に発生する歯面荷重 W_{SPi} 及び i 番目の遊星歯車と内歯車がかみあう時に発生す

る歯面荷重 W_{Pil} はそれぞれ式 (10.4) と式 (10.5) で求まる.

$$W_S = K_S \theta_S \quad \cdots\cdots\cdots\cdots\cdots\cdots\cdots\cdots\cdots \quad (10.3)$$

$$W_{SPi} = K_{SPi}\left(-r_{gS}\theta_S + r_{gP}\theta_{Pi} + X_{Pi}\cos\alpha_{b1} - Y_{Pi}\sin\alpha_{b1}\right)$$
$$\cdots\cdots \quad (10.4)$$

$$W_{Pil} = K_{Pil}\left(-r_{gP}\theta_{Pi} + X_{Pi}\cos\alpha_{b2} + Y_{Pi}\sin\alpha_{b2}\right) \quad \cdots\cdots \quad (10.5)$$

ここで,X_{Pi} と Y_{Pi} は i 番目の遊星歯車軸の円周方向と半径方向の変形であり,α_{b1} は太陽歯車と遊星歯車がかみあう場合の基準円上の圧力角であり,α_{b2} は遊星歯車と内歯車がかみあう場合の基準円上の圧力角である.角度 A_i と B_i は図 10.1 に示すようにバネ K_{SPi} とバネ K_{Pil} の方位を示す角度である.ただし,A_i と B_i は以下のように計算される.$\varnothing_i$ は i 番目の遊星歯車の回転中心の位置を示す角度であり,式 (10.8) で計算される.Θ_C は式 (10.1) で求まる.

$$A_i = \Theta_C + \pi/2 - \alpha_{b1} + \varnothing_i \quad \cdots\cdots\cdots\cdots\cdots\cdots\cdots \quad (10.6)$$

$$B_i = \Theta_C + \pi/2 + \alpha_{b2} + \varnothing_i \quad \cdots\cdots\cdots\cdots\cdots\cdots\cdots \quad (10.7)$$

$$\varnothing_i = \frac{2\pi(i-1)}{N}; \ (N = 3 \text{ 時}, \quad \varnothing_1 = 0; \ \varnothing_2 = \frac{2}{3}\pi; \ \varnothing_3 = \frac{4}{3}\pi)$$
$$\cdots\cdots \quad (10.8)$$

i 番目の遊星歯車を支えるバネ K_P の円周方向の力 W_{XPi} と半径方向の力 W_{YPi} はそれぞれ式 (10.9) と式 (10.10) で求まる.ここで,R_a は太陽歯車の回転中心から遊星歯車の回転中心までの距離である.

$$W_{XPi} = K_P\{-R_a\theta_C - X_{Pi}\} \quad \cdots\cdots\cdots\cdots\cdots\cdots\cdots \quad (10.9)$$

$$W_{YPi} = K_P Y_{Pi} \quad \cdots\cdots\cdots\cdots\cdots\cdots\cdots\cdots\cdots\cdots \quad (10.10)$$

(2) 各部品の力とモーメントのつりあい関係について

遊星歯車が N 個の場合には,各部品の静的な力とモーメントのつりあい関係を考えると,次に示す連立一次方程式が得られる.まず太陽歯車

の回転変形のつりあい関係を考慮する場合には，式 (10.11) が得られる．

$$r_{gs} \sum_{i=1}^{N} W_{SPi} - K_S r_{gS} \theta_S = 0 \quad \cdots\cdots\cdots\cdots\cdots\cdots\cdots\cdots (10.11)$$

そして，キャリアの回転変形に関するねじりモーメントのつりあいを考えると，式 (10.12) が得られる．

$$T - R_a \sum_{i=1}^{N} W_{XPi} = 0 \quad \cdots\cdots\cdots\cdots\cdots\cdots\cdots\cdots (10.12)$$

最後に i 番目の遊星歯車の回転方向のねじり変形及び水平（円周）方向と垂直（半径）方向の変位に関する力のつりあい関係を考えると，式 (10.13)〜式 (10.15) が得られる．

$$-r_{gP} W_{SPi} + r_{gP} W_{Pil} = 0 \quad \cdots\cdots\cdots\cdots\cdots\cdots\cdots (10.13)$$

$$W_{XPi} - W_{SPi} \cos \alpha_{b1} - W_{Pil} \cos \alpha_{b2} = 0 \quad \cdots\cdots\cdots\cdots (10.14)$$

$$-W_{YPi} + W_{SPi} \sin \alpha_{b1} - W_{Pil} \sin \alpha_{b2} = 0 \quad \cdots\cdots\cdots\cdots (10.15)$$

式 (10.3)〜式 (10.5) 及び式 (10.9)〜式 (10.10) を以上の力のつりあい関係式に代入し，整理すれば，次に示す式 (10.16)〜式 (10.26) が得られる．

$$r_{gs} K_{SP1}\left(-r_{gS}\theta_S + r_{gP}\theta_{P1} + X_{P1}\cos\alpha_{b1} - Y_{P1}\sin\alpha_{b1}\right)$$
$$+ r_{gs} K_{SP2}\left(-r_{gS}\theta_S + r_{gP}\theta_{P2} + X_{P2}\cos\alpha_{b1} - Y_{P2}\sin\alpha_{b1}\right)$$
$$+ r_{gs} K_{SP3}\left(-r_{gS}\theta_S + r_{gP}\theta_{P3} + X_{P3}\cos\alpha_{b1} - Y_{P3}\sin\alpha_{b1}\right)$$
$$- K_S\theta_S = 0 \qquad \cdots (10.16)$$

$$R_a K_P\{-R_a\theta_C - X_{P1}\} + R_a K_P\{-R_a\theta_C - X_{P2}\} + R_a K_P\{-R_a\theta_C - X_{P3}\}$$
$$= T \qquad \cdots (10.17)$$

$$-r_{gP} K_{SP1}\left(-r_{gS}\theta_S + r_{gP}\theta_{P1} + X_{P1}\cos\alpha_{b1} - Y_{P1}\sin\alpha_{b1}\right)$$
$$+ r_{gP} K_{P1l}\left(-r_{gP}\theta_{P1} + X_{P1}\cos\alpha_{b2} + Y_{P1}\sin\alpha_{b2}\right) = 0$$
$$\cdots (10.18)$$

$$-r_{gP}K_{SP2}\left(-r_{gS}\theta_S + r_{gP}\theta_{P2} + X_{P2}\cos\alpha_{b1} - Y_{P2}\sin\alpha_{b1}\right)$$
$$+ r_{gP}K_{P2I}\left(-r_{gP}\theta_{P2} + X_{P2}\cos\alpha_{b2} + Y_{P2}\sin\alpha_{b2}\right) = 0$$
$$\cdots (10.19)$$

$$-r_{gP}K_{SP3}\left(-r_{gS}\theta_S + r_{gP}\theta_{P3} + X_{P3}\cos\alpha_{b1} - Y_{P3}\sin\alpha_{b1}\right)$$
$$+ r_{gP}K_{P3I}\left(-r_{gP}\theta_{P3} + X_{P3}\cos\alpha_{b2} + Y_{P3}\sin\alpha_{b2}\right) = 0$$
$$\cdots (10.20)$$

$$K_P\{-R_a\theta_C - X_{P1}\}$$
$$- K_{SP1}\left(-r_{gS}\theta_S + r_{gP}\theta_{P1} + X_{P1}\cos\alpha_{b1}\right.$$
$$\left. - Y_{P1}\sin\alpha_{b1}\right)\cos\alpha_{b1}$$
$$- K_{P1I}\left(-r_{gP}\theta_{P1} + X_{P1}\cos\alpha_{b2} + Y_{P1}\sin\alpha_{b2}\right)\cos\alpha_{b2}$$
$$= 0 \qquad \cdots (10.21)$$

$$K_P\{-R_a\theta_C - X_{P2}\}$$
$$- K_{SP2}\left(-r_{gS}\theta_S + r_{gP}\theta_{P2} + X_{P2}\cos\alpha_{b1}\right.$$
$$\left. - Y_{P2}\sin\alpha_{b1}\right)\cos\alpha_{b1}$$
$$- K_{P2I}\left(-r_{gP}\theta_{P2} + X_{P2}\cos\alpha_{b2} + Y_{P2}\sin\alpha_{b2}\right)\cos\alpha_{b2}$$
$$= 0 \qquad \cdots (10.22)$$

$$K_P\{-R_a\theta_C - X_{P3}\}$$
$$- K_{SP3}\left(-r_{gS}\theta_S + r_{gP}\theta_{P3} + X_{P3}\cos\alpha_{b1}\right.$$
$$\left. - Y_{P3}\sin\alpha_{b1}\right)\cos\alpha_{b1}$$
$$- K_{P3I}\left(-r_{gP}\theta_{P3} + X_{P3}\cos\alpha_{b2} + Y_{P3}\sin\alpha_{b2}\right)\cos\alpha_{b2}$$
$$= 0 \qquad \cdots (10.23)$$

$$-K_PY_{P1} - K_{SP1}\left(-r_{gS}\theta_S + r_{gP}\theta_{P1} + X_{P1}\cos\alpha_{b1} - Y_{P1}\sin\alpha_{b1}\right)\sin\alpha_{b1}$$
$$- K_{P1I}\left(-r_{gP}\theta_{P1} + X_{P1}\cos\alpha_{b2} + Y_{P1}\sin\alpha_{b2}\right)\sin\alpha_{b2} = 0$$
$$\cdots (10.24)$$

$$-K_PY_{P2} - K_{SP2}\left(-r_{gS}\theta_S + r_{gP}\theta_{P2} + X_{P2}\cos\alpha_{b1} - Y_{P2}\sin\alpha_{b1}\right)\sin\alpha_{b1}$$
$$- K_{P2I}\left(-r_{gP}\theta_{P2} + X_{P2}\cos\alpha_{b2} + Y_{P2}\sin\alpha_{b2}\right)\sin\alpha_{b2} = 0$$
$$\cdots (10.25)$$

$$-K_PY_{P3} - K_{SP3}\left(-r_{gS}\theta_S + r_{gP}\theta_{P3} + X_{P3}\cos\alpha_{b1} - Y_{P3}\sin\alpha_{b1}\right)\sin\alpha_{b1}$$
$$- K_{P3I}\left(-r_{gP}\theta_{P3} + X_{P3}\cos\alpha_{b2} + Y_{P3}\sin\alpha_{b2}\right)\sin\alpha_{b2} = 0$$
$$\cdots (10.26)$$

10章　遊星歯車装置の力分析

ここで使用した変数と常数をまとめてもう一度解説する．θ_S，θ_{Pi}，と θ_C は太陽歯車，遊星陽歯車とキャリアの角度変形である．

r_{gS}，r_{gP} と r_{gl}：太陽歯車，遊星歯車と内歯車の基礎円半径

R_a：太陽歯車中心から遊星歯車中心までの距離

α_{b1}：太陽歯車と遊星歯車のかみあい圧力角

α_{b2}：遊星歯車と内歯車のかみあい圧力角

K_S：太陽歯車を円周方向に固定するために用いたバネの常数

K_P：遊星歯車を円周方向と半径方向を支えるために用いたバネの常数

K_{SPi}：太陽歯車と遊星歯車の歯のかみあいバネこわさ（$i=1,2,..,N$）

K_{Pil}：遊星歯車と内歯車の歯のかみあいバネこわさ（$i=1,2,..,N$）

式 (10.16) ～式 (10.26) を式 (10.28) で示す変数順で並び替え，マトリックスにまとめて表せば，式 (10.27) が得られる．

$$[K]\{X\} = \{F\} \quad \cdots\cdots\cdots\cdots\cdots\cdots\cdots\cdots\cdots\cdots\cdots\cdots\cdots\cdots (10.27)$$

ここで，$[K]$ は 11×11 の非対称マトリックスであり，$\{X\}$ と $\{F\}$ はそれぞれ式 (10.28) と式 (10.29) のようになっている．

$$\{X\}^T = (\theta_S, X_{P1}, Y_{P1}, \theta_{P1}, X_{P2}, Y_{P2}, \theta_{P2}, X_{P3}, Y_{P3}, \theta_{P3}, \theta_C)^T$$
$$\cdots\cdots (10.28)$$

$$\{F\}^T = \{0, 0, 0, 0, 0, 0, 0, 0, 0, 0, T\}^T \quad \cdots\cdots\cdots\cdots\cdots\cdots\cdots (10.29)$$

$[K]$ は非対称マトリックスであるため，式 (10.27) を簡単に解けないが，Fortran 言語により専用ソフトを開発することにより，$\{F\}$ に負荷トルク T を与えれば，式 (10.27) を解けるので，$\{X\}$ は求まる．$\{X\}$ に示す各変形が分かれば，式 (10.3) ～式 (10.5)，または式 (10.9) ～式 (10.10) に代入することにより，各部品における力は求まる．次に実例を用いて，開発したソフトで解析した結果を紹介する．

図 10.2 に示すように開発した専用ソフトを用いて太陽歯車，遊星歯車と内歯車の歯数はそれぞれ 21，39 と 99 である遊星歯車装置を設計した．この減速機はプラネタリー型遊星歯車装置として使用される場合に

$- 182 -$

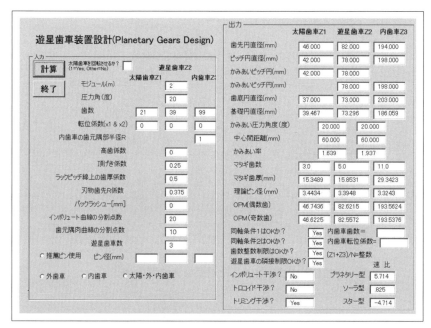

〔図10.2〕遊星歯車装置の設計

は，速比は5.714となる．各歯車のかみあい様子を図10.3に示している．またこれらの歯車の歯幅は40mmとする．この減速機のキャリアに500Nmの負荷トルクを加える時にこの減速機を構成する各部品に生じる力を開発したソフトで分析する．

　分析前にまず太陽歯車と遊星歯車，また遊星歯車と内歯車がかみあう時に歯の作用線方向のかみあいバネ常数を専用有限要素法[11-15]でそれぞれ算出した．また太陽歯車，遊星歯車を支える軸受の支持剛性も専用有限要素法[27-28]で解析した．

　太陽歯車と遊星歯車の1かみあい周期（ピッチ）を12点のかみあい位置，また遊星歯車と内歯車の1かみあい周期を10点のかみあい位置に分け，それぞれのかみあい位置において三次元有限要素法を用いた接触解析により，歯のかみあいバネ常数を解析した．図10.4に太陽歯車と遊星歯車の要素分割モデル，また図10.5に遊星歯車と内歯車の要素分

※10章 遊星歯車装置の力分析

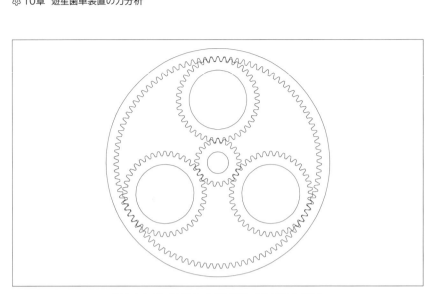

〔図10.3〕設計した遊星歯車装置の様子

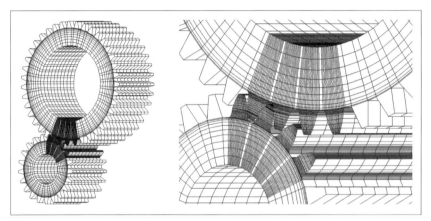

〔図10.4〕太陽歯車と遊星歯車の要素分割モデル

割モデルを示している．

表10.1と表10.2に有限要素法で解析した各かみあい位置における歯のかみあいバネ定数を示している．解析の際には，遊星歯車に400Nmのトルク，内歯車に500Nmのトルクを加えた．

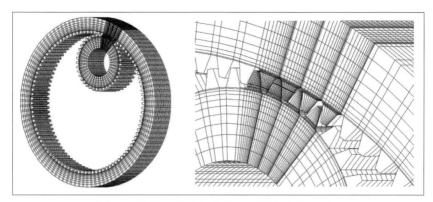

〔図10.5〕遊星歯車と内歯車の要素分割モデル

〔表10.1〕太陽歯車と遊星歯車の歯のかみあい剛性［単位：N/m］

かみあい 位置	一対目の歯の かみあい剛性	二対目の歯の かみあい剛性	合計剛性
1	3.3560×10^8	5.3099×10^8	8.6659×10^8
2	3.9510×10^8	5.0978×10^8	9.0488×10^8
3	4.2587×10^8	4.8848×10^8	9.1435×10^8
4	4.5542×10^8	4.6488×10^8	9.2031×10^8
5	4.7728×10^8	4.3419×10^8	9.1146×10^8
6	5.0227×10^8	3.9774×10^8	9.0001×10^8
7	5.2635×10^8	3.4862×10^8	8.7497×10^8
8	5.8713×10^8		5.8713×10^8
9	5.9566×10^8		5.9566×10^8
10	6.0054×10^8		6.0054×10^8
11	5.9731×10^8		5.9731×10^8
12	5.7732×10^8		5.7732×10^8

表10.1と表10.2の結果を用いて，補間法により算出した歯のかみあいバネ常数の曲線をそれぞれ図10.6と図10.7に示す．これらの図の横軸は太陽歯車の回転位置を示す角度であり，縦軸は補間された歯のかみあいバネ常数である．

図10.2に示す遊星歯車装置をプラネタリー型遊星歯車装置として利用する場合には，開発した専用ソフトで解析した結果を次に紹介する．解析の際には，キャリアに500Nmのトルクを加えた．また減速機の総ねじり剛性K_θを式(10.30)で計算した．

第10章 遊星歯車装置の力分析

〔表10.2〕遊星歯車と内歯車の歯のかみあい剛性 [単位：N/m]

かみあい位置	一対目の歯のかみあい剛性	二対目の歯のかみあい剛性	合計剛性
1	4.0019×10^8	6.3442×10^8	1.0346×10^9
2	4.3585×10^8	6.3165×10^8	1.0675×10^9
3	4.7516×10^8	6.1111×10^8	1.0863×10^9
4	5.1004×10^8	5.7914×10^8	1.0892×10^9
5	5.4033×10^8	5.4534×10^8	1.0857×10^9
6	5.7509×10^8	5.0064×10^8	1.0756×10^9
7	6.0654×10^8	4.4893×10^8	1.0555×10^9
8	6.3421×10^8	3.8809×10^8	1.0223×10^9
9	7.1836×10^8		7.1836×10^8
10	7.1406×10^8		7.1406×10^8

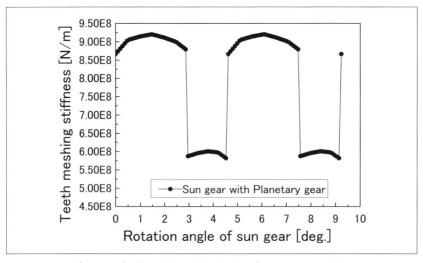

〔図10.6〕太陽歯車と遊星歯車の歯のかみあい剛性

$$K_\theta = T/(\theta_C - \theta_S) \quad \cdots\cdots\cdots\cdots\cdots\cdots\cdots\cdots\cdots\cdots (10.30)$$

図10.8と図10.9に解析した太陽歯車と遊星歯車がかみあう時の歯面荷重及び遊星歯車と内歯車がかみあう時の歯面荷重を示している．これらの図の横軸は太陽歯車の回転角度であり，縦軸は歯面荷重である．図10.10に遊星歯車軸上の円周方向と半径方向の荷重を示している．

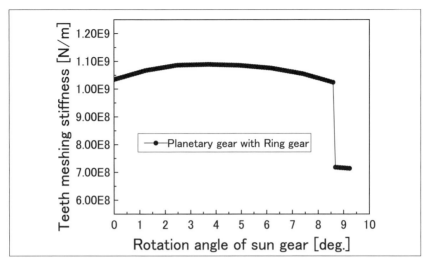

〔図 10.7〕遊星歯車と内歯車の歯のかみあい剛性

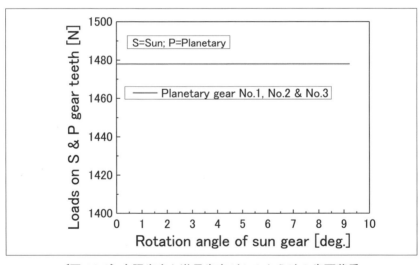

〔図 10.8〕太陽歯車と遊星歯車がかみあう時の歯面荷重

10章 遊星歯車装置の力分析

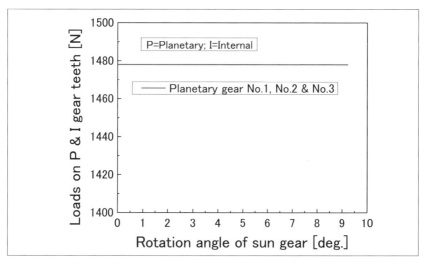

〔図10.9〕遊星歯車と内歯車がかみあう時の歯面荷重

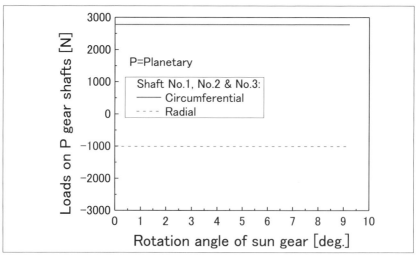

〔図10.10〕遊星歯車軸上の円周と半径方向の荷重

図 10.11 に減速機全体のねじり剛性を示している．図に示すようにねじり剛性は歯の同時かみあい枚数の変化により変わることが分かる．

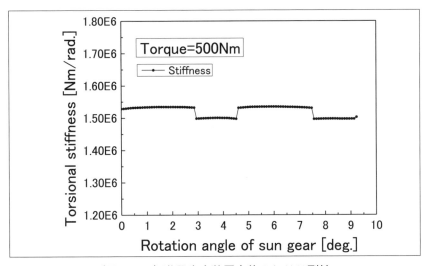

〔図 10.11〕遊星歯車装置全体のねじり剛性

10.2 ソーラ型遊星歯車装置の力分析

ソーラ型遊星歯車装置は太陽歯車が固定され，キャリアが入力，内歯車が出力として利用されるので，この装置の各部品に発生する力を分析するために，図 10.12 に示す静的な力学モデルを提案する．図 10.12 において，太陽歯車を円周方向に固定する．キャリアは入力軸として使用され，またキャリアのねじり剛性を考慮するために，キャリアの円周方向にバネ K を付けてキャリアを固定する．内歯車は出力軸として利用されるので，内歯車に負荷トルク T を加えている．太陽歯車とキャリアの両方を円周方向に固定しているので，出力軸の内歯車に負荷トルク

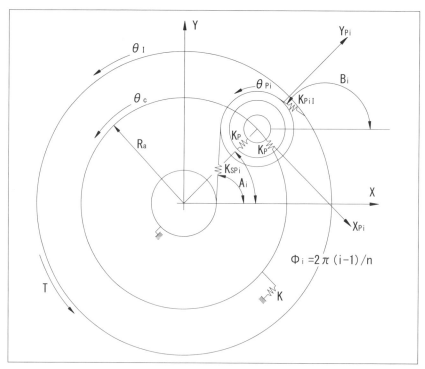

〔図 10.12〕ソーラ型遊星歯車装置の力分析モデル

を加えると，ソーラ型遊星歯車装置に対する力分析ができるようになる．

第 10.1 節と同じように Θ_P, Θ_C と Θ_I はそれぞれ遊星歯車，キャリアと内歯車の回転位置を表す方位角である．θ_{Pi}, θ_C と θ_I はそれぞれ i 番目の遊星陽歯車，キャリアと内歯車の角度変形である．ここで，$i = 1, 2, ..., N$ である．N は遊星歯車の総数である．

太陽歯車と遊星歯車がかみあう場合の歯のかみあい剛性をバネ K_{SPi} で，遊星歯車と内歯車がかみあう場合の歯のかみあい剛性をバネ K_{PiI} でそれぞれ表す．遊星歯車軸を支える軸受の支持剛性の影響を考慮するために，遊星歯車軸を円周方向と半径方向にバネ K_P で支える．

（1）各バネに発生する力について

図 10.12 に示すように太陽歯車と i 番目の遊星歯車の間の歯面荷重 W_{SPi} 及び i 番目の遊星歯車と内歯車の間の歯面荷重 W_{PiI} は次に示すように求まる．

$$W_{SPi} = K_{SPi}\left(r_{gP}\theta_{Pi} + X_{Pi}\cos\alpha_{b1} - Y_{Pi}\sin\alpha_{b1}\right) \quad \cdots\cdots (10.31)$$

$$W_{PiI} = K_{PiI}\left(r_{gI}\theta_I - r_{gP}\theta_{Pi} + X_{Pi}\cos\alpha_{b2} + Y_{Pi}\sin\alpha_{b2}\right)$$
$$\cdots\cdots (10.32)$$

遊星歯車軸を支持するバネ K_P の円周方向の力 W_{XPi} と半径方向の力 W_{YPi} は次式で求まる．

$$W_{XPi} = K_P\{-R_a\theta_C - X_{Pi}\} \quad \cdots\cdots\cdots\cdots\cdots\cdots\cdots\cdots (10.33)$$

$$W_{YPi} = K_P Y_{Pi} \quad \cdots\cdots\cdots\cdots\cdots\cdots\cdots\cdots\cdots\cdots\cdots\cdots (10.34)$$

A_i, B_i と $\emptyset_i$ は次式で表される．

$$A_i = \Theta_C + \pi/2 - \alpha_{b1} + \emptyset_i \quad \cdots\cdots\cdots\cdots\cdots\cdots\cdots\cdots (10.35)$$

$$B_i = \Theta_C + \pi/2 + \alpha_{b2} + \emptyset_i \quad \cdots\cdots\cdots\cdots\cdots\cdots\cdots\cdots (10.36)$$

$$\emptyset_i = \frac{2\pi(i-1)}{N}; (N = 3 \text{ 時}, \emptyset_1 = 0; \emptyset_2 = \frac{2}{3}\pi; \emptyset_3 = \frac{4}{3}\pi)$$
$$\cdots\cdots (10.37)$$

10章 遊星歯車装置の力分析

（2）各部品の力とモーメントのつりあい関係について

キャリアの回転に関する力のつりあい関係を考えると，式(10.38)が得られる．

$$R_a \sum_{i=1}^{N} W_{XPi} - K r_{gC} \theta_C = 0 \quad \cdots\cdots\cdots\cdots\cdots\cdots (10.38)$$

また，内歯車の回転に関する力のつりあい関係を考えると，式(10.39)が得られる．

$$T - r_{gI} \sum_{i=1}^{N} W_{PiI} = 0 \quad \cdots\cdots\cdots\cdots\cdots\cdots\cdots (10.39)$$

i番目の遊星歯車軸の回転，円周と半径方向の変位に関する力のつりあい関係を考えると，式(10.40)，式(10.41)及び式(10.42)が得られる．

$$-r_{gP} W_{SPi} + r_{gP} W_{PiI} = 0 \quad \cdots\cdots\cdots\cdots\cdots\cdots (10.40)$$

$$W_{XPi} - W_{SPi} \cos \alpha_{b1} - W_{PiI} \cos \alpha_{b2} = 0 \quad \cdots\cdots\cdots\cdots (10.41)$$

$$-W_{YPi} - W_{SPi} \sin \alpha_{b1} - W_{PiI} \sin \alpha_{b2} = 0 \quad \cdots\cdots\cdots\cdots (10.42)$$

式(10.31)〜式(10.34)を式(10.38)〜式(10.42)に代入し，整理すれば，式(10.43)〜式(10.53)が得られる．

$$R_a K_{SP1}\{r_{gP}\theta_{P1} + X_{P1}\cos\alpha_{b1} - Y_{P1}\sin\alpha_{b1}\}$$
$$+ R_a K_{SP2}\{r_{gP}\theta_{P2} + X_{P2}\cos\alpha_{b1} - Y_{P2}\sin\alpha_{b1}\}$$
$$+ R_a K_{SP3}\{r_{gP}\theta_{P3} + X_{P3}\cos\alpha_{b1} - Y_{P3}\sin\alpha_{b1}\} - K r_{gC}\theta_C = 0$$
$$\cdots (10.43)$$

$$-T + r_{gI} K_{P1I}(r_{gI}\theta_I - r_{gP}\theta_{P1} + X_{P1}\cos\alpha_{b2} + Y_{P1}\sin\alpha_{b2})$$
$$+ r_{gI} K_{P2I}(r_{gI}\theta_I - r_{gP}\theta_{P2} + X_{P2}\cos\alpha_{b2} + Y_{P2}\sin\alpha_{b2})$$
$$+ r_{gI} K_{P3I}(r_{gI}\theta_I - r_{gP}\theta_{P3} + X_{P3}\cos\alpha_{b2} + Y_{P3}\sin\alpha_{b2}) = 0$$
$$\cdots (10.44)$$

$$- 192 -$$

$$-r_{gP}K_{SP1}(r_{gP}\theta_{P1} + X_{P1}\cos\alpha_{b1} - Y_{P1}\sin\alpha_{b1})$$
$$+ r_{gP}K_{P1I}(r_{gI}\theta_I - r_{gP}\theta_{P1} + X_{P1}\cos\alpha_{b2} + Y_{P1}\sin\alpha_{b2}) = 0$$
$$\cdots (10.45)$$

$$-r_{gP}K_{SP2}(r_{gP}\theta_{P2} + X_{P2}\cos\alpha_{b1} - Y_{P2}\sin\alpha_{b1})$$
$$+ r_{gP}K_{P2I}(r_{gI}\theta_I - r_{gP}\theta_{P2} + X_{P2}\cos\alpha_{b2} + Y_{P2}\sin\alpha_{b2}) = 0$$
$$\cdots (10.46)$$

$$-r_{gP}K_{SP3}(r_{gP}\theta_{P3} + X_{P3}\cos\alpha_{b1} - Y_{P3}\sin\alpha_{b1})$$
$$+ r_{gP}K_{P3I}(r_{gI}\theta_I - r_{gP}\theta_{P3} + X_{P3}\cos\alpha_{b2} + Y_{P3}\sin\alpha_{b2}) = 0$$
$$\cdots (10.47)$$

$$K_P\{-R_a\theta_C - X_{P1}\} - K_{SP1}(r_{gP}\theta_{P1} + X_{P1}\cos\alpha_{b1} - Y_{P1}\sin\alpha_{b1})\cos\alpha_{b1}$$
$$- K_{P1I}(r_{gI}\theta_I - r_{gP}\theta_{P1} + X_{P1}\cos\alpha_{b2} + Y_{P1}\sin\alpha_{b2})\cos\alpha_{b2}$$
$$= 0 \qquad\qquad \cdots (10.48)$$

$$K_P\{-R_a\theta_C - X_{P2}\} - K_{SP2}(r_{gP}\theta_{P2} + X_{P2}\cos\alpha_{b1} - Y_{P2}\sin\alpha_{b1})\cos\alpha_{b1}$$
$$- K_{P2I}(r_{gI}\theta_I - r_{gP}\theta_{P2} + X_{P2}\cos\alpha_{b2} + Y_{P2}\sin\alpha_{b2})\cos\alpha_{b2}$$
$$= 0 \qquad\qquad \cdots (10.49)$$

$$K_P\{-R_a\theta_C - X_{P3}\} - K_{SP3}(r_{gP}\theta_{P3} + X_{P3}\cos\alpha_{b1} - Y_{P3}\sin\alpha_{b1})\cos\alpha_{b1}$$
$$- K_{P3I}(r_{gI}\theta_I - r_{gP}\theta_{P3} + X_{P3}\cos\alpha_{b2} + Y_{P3}\sin\alpha_{b2})\cos\alpha_{b2}$$
$$= 0 \qquad\qquad \cdots (10.50)$$

$$-K_P Y_{P1} - K_{SP1}(r_{gP}\theta_{P1} + X_{P1}\cos\alpha_{b1} - Y_{P1}\sin\alpha_{b1})\sin\alpha_{b1}$$
$$- K_{P1I}(r_{gI}\theta_I - r_{gP}\theta_{P1} + X_{P1}\cos\alpha_{b2} + Y_{P1}\sin\alpha_{b2})\sin\alpha_{b2}$$
$$= 0 \qquad\qquad \cdots (10.51)$$

$$-K_P Y_{P2} - K_{SP2}(r_{gP}\theta_{P2} + X_{P2}\cos\alpha_{b1} - Y_{P2}\sin\alpha_{b1})\sin\alpha_{b1}$$
$$- K_{P2I}(r_{gI}\theta_I - r_{gP}\theta_{P2} + X_{P2}\cos\alpha_{b2} + Y_{P2}\sin\alpha_{b2})\sin\alpha_{b2}$$
$$= 0 \qquad\qquad \cdots (10.52)$$

$$-K_P Y_{P3} + K_{SP3}(r_{gP}\theta_{P3} + X_{P3}\cos\alpha_{b1} - Y_{P3}\sin\alpha_{b1})\sin\alpha_{b1}$$
$$- K_{P3I}(r_{gI}\theta_I - r_{gP}\theta_{P3} + X_{P3}\cos\alpha_{b2} + Y_{P3}\sin\alpha_{b2})\sin\alpha_{b2}$$
$$= 0 \qquad\qquad \cdots (10.53)$$

式 (10.43) ～式 (10.53) を式 (10.55) で示す変数順で並び替え，マトリックスにまとめて表せば，式 (10.54) が得られる．

❀10章　遊星歯車装置の力分析

$$[K]\{X\} = \{F\} \quad \cdots\cdots\cdots\cdots\cdots\cdots\cdots\cdots\cdots\cdots\cdots (10.54)$$

ここで，$[K]$ は 11×11 の非対称マトリックスであり，$\{X\}$ と $\{F\}$ はそれぞれ式 (10.55) と式 (10.56) のようになる．

$$\{X\}^T = (X_{P1}, Y_{P1}, \theta_{P1}, X_{P2}, Y_{P2}, \theta_{P2}, X_{P3}, Y_{P3}, \theta_{P3}, \theta_C, \theta_I)^T$$
$$\cdots\cdots (10.55)$$

$$\{F\}^T = \{0, 0, 0, 0, 0, 0, 0, 0, 0, 0, T\}^T \quad \cdots\cdots\cdots\cdots\cdots\cdots (10.56)$$

ここで，使用した変数と常数を次にまとめて解説する

r_{gS}，r_{gP} と r_{gI} はそれぞれ太陽歯車，遊星歯車と内歯車の基礎円半径

r_{gc}：キャリア半径 r_c の作用線方向への換算値；$r_{gc} = r_c \cos \alpha_b$

R_a：太陽歯車中心から遊星歯車中心までの距離

α_{b1}：太陽歯車と遊星歯車のかみあい圧力角

α_{b2}：遊星歯車と内歯車のかみあい圧力角

K：キャリアを円周方向に固定するために用いられたバネの常数

K_P：遊星歯車軸を円周方向と半径に支えるために用いたバネの常数

K_{SPi}：太陽歯車と遊星歯車の歯のかみあいバネこわさ $(i = 1,2,..,N)$

K_{PiI}：遊星歯車と内歯車の歯のかみあいバネこわさ $(i = 1,2,..,N)$

図 10.2 に示す諸元の遊星歯車装置はソーラ型遊星歯車装置として利用される場合には，式 (10.54) を解くことにより，次に示す結果が得られる．解析の際には，出力軸である内歯車に 500Nm のトルクを加えた．

図 10.13 と図 10.14 に解析した太陽歯車と遊星歯車がかみあう時の歯面荷重及び遊星歯車と内歯車がかみあう時の歯面荷重である．横軸はキャリアの回転角度であり，縦軸は歯面荷重である．図 10.15 に遊星歯車軸上の円周と半径方向の荷重を示す．

図 10.16 に減速機全体のねじり剛性を示している．図に示すようにねじり剛性は歯の同時かみあい枚数の変化により変わることが分かる．

$-\ 194\ -$

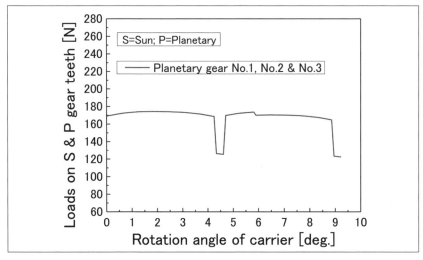

〔図 10.13〕太陽歯車と遊星歯車がかみあう時の歯面荷重

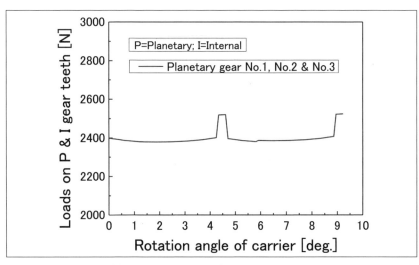

〔図 10.14〕遊星歯車と内歯車がかみあう時の歯面荷重

※10章 遊星歯車装置の力分析

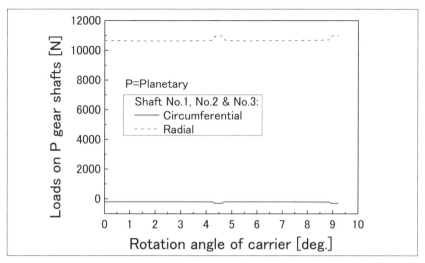

〔図10.15〕遊星歯車軸上の円周と半径方向の荷重

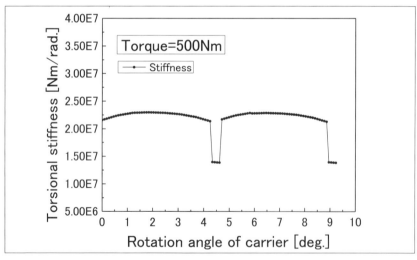

〔図10.16〕遊星歯車装置全体のねじり剛性

10.3　スター型遊星歯車装置の力分析

　スター型遊星歯車装置はキャリアが固定され，太陽歯車が入力，内歯車が出力として利用されている．この装置を構成する各部品に作用する力を分析するために，図 10.17 に示す静的な力学モデルを提案する．図 10.17 において，太陽歯車を円周方向にバネ K_S で固定する．またキャリアを回転させないようにするために，キャリアを円周方向に固定する．内歯車は出力軸として利用されるので，内歯車に負荷トルク T を加える．太陽歯車と遊星歯車の歯のかみあい剛性をバネ K_{SPi} で，遊星歯車と内歯車の歯のかみあい剛性をバネ K_{Pil} で表す．

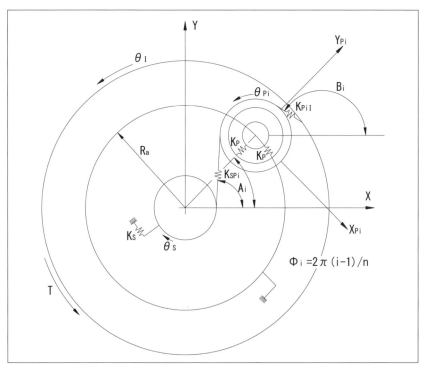

〔図 10.17〕スター型遊星歯車装置の力分析モデル

⚙ 10章 遊星歯車装置の力分析

太陽歯車，各遊星歯車と内歯車の回転変形をそれぞれ角度 θ_S，θ_{Pi} と θ_I で表す．ここで，$i = 1, 2, ..., N$ である．N は遊星歯車の総数である．遊星歯車軸をバネ K_P で円周方向と半径方向に支えている．

（1）各バネに発生する力について

図 10.17 に示すように太陽歯車に締結した入力軸に発生するトルクは式 (10.57) で求まる．また太陽歯車と i 番目の遊星歯車がかみあう時の歯面荷重 W_{SPi} 及び i 番目の遊星歯車と内歯車がかみあう時の歯面荷重 W_{PiI} は式 (10.58) と式 (10.59) で求まる．

$$W_S = K_S \theta_S \quad \cdots\cdots\cdots\cdots\cdots\cdots\cdots\cdots\cdots\cdots\cdots\cdots (10.57)$$

$$W_{SPi} = K_{SPi}\left(-r_{gS}\theta_S + r_{gP}\theta_{Pi} + X_{Pi}\cos\alpha_{b1} - Y_{Pi}\sin\alpha_{b1}\right)$$
$$\cdots\cdots (10.58)$$

$$W_{PiI} = K_{PiI}\left(r_{gI}\theta_I - r_{gP}\theta_{Pi} + X_{Pi}\cos\alpha_{b2} + Y_{Pi}\sin\alpha_{b2}\right)$$
$$\cdots\cdots (10.59)$$

遊星歯車軸を支えるバネ K_P の円周方向の力 W_{XPi} と半径方向の力 W_{YPi} は次式で求まる．

$$W_{XPi} = -K_P X_{Pi} \quad \cdots\cdots\cdots\cdots\cdots\cdots\cdots\cdots\cdots\cdots (10.60)$$

$$W_{YPi} = K_P Y_{Pi} \quad \cdots\cdots\cdots\cdots\cdots\cdots\cdots\cdots\cdots\cdots (10.61)$$

（2）各部品の力とモーメントのつりあい関係について

太陽歯車の回転変位のつりあい関係を考えると，式 (10.62) が得られる．

$$r_{gs}\sum_{i=1}^{N} W_{SPi} - K_S\theta_S = 0 \quad \cdots\cdots\cdots\cdots\cdots\cdots\cdots\cdots (10.62)$$

また，i 番目の遊星歯車軸の回転，円周と半径方向の変位に関する力のつりあい関係を考えると，式 (10.63) 〜式 (10.65) が得られる．

− 198 −

$$-r_{gP}W_{SPi} + r_{gP}W_{Pil} = 0 \quad \cdots\cdots\cdots\cdots\cdots\cdots\cdots\cdots\cdots\cdots (10.63)$$

$$W_{XPi} - W_{SPi}\cos\alpha_{b1} - W_{Pil}\cos\alpha_{b2} = 0 \quad \cdots\cdots\cdots\cdots (10.64)$$

$$-W_{YPi} + W_{SPi}\sin\alpha_{b1} - W_{Pil}\sin\alpha_{b2} = 0 \quad \cdots\cdots\cdots (10.65)$$

内歯車の回転方向の変位に関する力のつりあい関係を考えると，式 (10.66) が得られる.

$$T - r_{gI}\sum_{i=1}^{N} W_{Pil} = 0 \quad \cdots\cdots\cdots\cdots\cdots\cdots\cdots\cdots\cdots\cdots (10.66)$$

式 (10.58) 〜式 (10.61) を式 (10.62) 〜式 (10.66) に代入し，整理すれば，式 (10.67) 〜式 (10.77) が得られる.

$$
\begin{aligned}
r_{gP}K_{SP1}&\bigl(-r_{gS}\theta_S + r_{gP}\theta_{P1} + X_{P1}\cos\alpha_{b1} - Y_{P1}\sin\alpha_{b1}\bigr) \\
&+ r_{gP}K_{SP2}\bigl(-r_{gS}\theta_S + r_{gP}\theta_{P2} + X_{P2}\cos\alpha_{b1} - Y_{P2}\sin\alpha_{b1}\bigr) \\
&+ r_{gP}K_{SP3}\bigl(-r_{gS}\theta_S + r_{gP}\theta_{P3} + X_{P3}\cos\alpha_{b1} - Y_{P3}\sin\alpha_{b1}\bigr) \\
&- K_S\theta_S = 0 \qquad\qquad\qquad\qquad\qquad\qquad\cdots (10.67)
\end{aligned}
$$

$$
\begin{aligned}
-r_{gP}K_{SP1}&\bigl(-r_{gS}\theta_S + r_{gP}\theta_{P1} + X_{P1}\cos\alpha_{b1} - Y_{P1}\sin\alpha_{b1}\bigr) \\
&+ r_{gP}K_{P1I}\bigl(r_{gI}\theta_I - r_{gP}\theta_{P1} + X_{P1}\cos\alpha_{b2} + Y_{P1}\sin\alpha_{b2}\bigr) = 0 \\
&\qquad\qquad\qquad\qquad\qquad\qquad\qquad\qquad\cdots (10.68)
\end{aligned}
$$

$$
\begin{aligned}
-r_{gP}K_{SP2}&\bigl(-r_{gS}\theta_S + r_{gP}\theta_{P2} + X_{P2}\cos\alpha_{b1} - Y_{P2}\sin\alpha_{b1}\bigr) \\
&+ r_{gP}K_{P2I}\bigl(r_{gI}\theta_I - r_{gP}\theta_{P2} + X_{P2}\cos\alpha_{b2} + Y_{P2}\sin\alpha_{b2}\bigr) = 0 \\
&\qquad\qquad\qquad\qquad\qquad\qquad\qquad\qquad\cdots (10.69)
\end{aligned}
$$

$$
\begin{aligned}
-r_{gP}K_{SP3}&\bigl(-r_{gS}\theta_S + r_{gP}\theta_{P3} + X_{P3}\cos\alpha_{b1} - Y_{P3}\sin\alpha_{b1}\bigr) \\
&+ r_{gP}K_{P3I}\bigl(r_{gI}\theta_I - r_{gP}\theta_{P3} + X_{P3}\cos\alpha_{b2} + Y_{P3}\sin\alpha_{b2}\bigr) = 0 \\
&\qquad\qquad\qquad\qquad\qquad\qquad\qquad\qquad\cdots (10.70)
\end{aligned}
$$

$$
\begin{aligned}
-K_P X_{P1} &- K_{SP1}\bigl(-r_{gS}\theta_S + r_{gP}\theta_{P1} + X_{P1}\cos\alpha_{b1} - Y_{P1}\sin\alpha_{b1}\bigr)\cos\alpha_{b1} \\
&- K_{P1I}\bigl(r_{gI}\theta_I - r_{gP}\theta_{P1} + X_{P1}\cos\alpha_{b2} + Y_{P1}\sin\alpha_{b2}\bigr)\cos\alpha_{b2} \\
&= 0 \qquad\qquad\qquad\qquad\qquad\qquad\qquad\cdots (10.71)
\end{aligned}
$$

$$-K_P X_{P2} - K_{SP2}\left(-r_{gS}\theta_S + r_{gP}\theta_{P2} + X_{P2}\cos\alpha_{b1} - Y_{P2}\sin\alpha_{b1}\right)\cos\alpha_{b1}$$
$$- K_{P2I}\left(r_{gI}\theta_I - r_{gP}\theta_{P2} + X_{P2}\cos\alpha_{b2} + Y_{P2}\sin\alpha_{b2}\right)\cos\alpha_{b2}$$
$$= 0 \qquad\qquad\qquad \cdots(10.72)$$

$$-K_P X_{P3} - K_{SP3}\left(-r_{gS}\theta_S + r_{gP}\theta_{P3} + X_{P3}\cos\alpha_{b1} - Y_{P1}\sin\alpha_{b1}\right)\cos\alpha_{b1}$$
$$- K_{P3}\left(r_{gI}\theta_I - r_{gP}\theta_{P3} + X_{P3}\cos\alpha_{b2} + Y_{P3}\sin\alpha_{b2}\right)\cos\alpha_{b2}$$
$$= 0 \qquad\qquad\qquad \cdots(10.73)$$

$$-K_P Y_{P1} + K_{SP1}\left(-r_{gS}\theta_S + r_{gP}\theta_{P1} + X_{P1}\cos\alpha_{b1} - Y_{P1}\sin\alpha_{b1}\right)\sin\alpha_{b1}$$
$$- K_{P1I}\left(r_{gI}\theta_I - r_{gP}\theta_{P1} + X_{P1}\cos\alpha_{b2} + Y_{P1}\sin\alpha_{b2}\right)\sin\alpha_{b2}$$
$$= 0 \qquad\qquad\qquad \cdots(10.74)$$

$$-K_P Y_{P2} + K_{SP2}\left(-r_{gS}\theta_S + r_{gP}\theta_{P2} + X_{P2}\cos\alpha_{b1} - Y_{P2}\sin\alpha_{b1}\right)\sin\alpha_{b1}$$
$$- K_{P2I}\left(r_{gI}\theta_I - r_{gP}\theta_{P2} + X_{P2}\cos\alpha_{b2} + Y_{P2}\sin\alpha_{b2}\right)\sin\alpha_{b2}$$
$$= 0 \qquad\qquad\qquad \cdots(10.75)$$

$$-K_P Y_{P3} + K_{SP3}\left(-r_{gS}\theta_S + r_{gP}\theta_{P3} + X_{P3}\cos\alpha_{b1} - Y_{P3}\sin\alpha_{b1}\right)\sin\alpha_{b1}$$
$$- K_{P3I}\left(r_{gI}\theta_I - r_{gP}\theta_{P3} + X_{P3}\cos\alpha_{b2} + Y_{P3}\sin\alpha_{b2}\right)\sin\alpha_{b2}$$
$$= 0 \qquad\qquad\qquad \cdots(10.76)$$

$$r_{gI}K_{P1I}\left(r_{gI}\theta_I - r_{gP}\theta_{P1} + X_{P1}\cos\alpha_{b2} + Y_{P1}\sin\alpha_{b2}\right)$$
$$+ r_{gI}K_{P2I}\left(r_{gI}\theta_I - r_{gP}\theta_{P2} + X_{P2}\cos\alpha_{b2} + Y_{P2}\sin\alpha_{b2}\right)$$
$$+ r_{gI}K_{P3I}\left(r_{gI}\theta_I - r_{gP}\theta_{P3} + X_{P3}\cos\alpha_{b2} + Y_{P3}\sin\alpha_{b2}\right) = T$$
$$\cdots(10.77)$$

また式 (10.67) 〜式 (10.77) を式 (10.79) で示す変数順で並び替え，マトリックスにまとめて表せば，式 (10.78) が得られる．

$$[K]\{X\} = \{F\} \quad\cdots\cdots\cdots\cdots\cdots\cdots\cdots\cdots\cdots\cdots\cdots (10.78)$$

ここで，$[K]$ は 11×11 の非対称マトリックスであり，$\{X\}$ と $\{F\}$ はそれぞれ式 (10.79) と式 (10.80) のようになっている．

$$\{X\}^T = (\theta_S, X_{P1}, Y_{P1}, \theta_{P1}, X_{P2}, Y_{P2}, \theta_{P2}, X_{P3}, Y_{P3}, \theta_{P3}, \theta_I)^T$$
$$\cdots\cdots(10.79)$$

$$\{F\}^T = \{\, 0, 0, 0, 0, 0, 0, 0, 0, 0, 0, T\}^T \quad\cdots\cdots\cdots\cdots\cdots\cdots (10.80)$$

式 (10.78) を解くと，式 (10.79) に示す各変数の値は求まる．そして

これらの変数の値により，第 10.1 節と第 10.2 節のように各歯車の歯面荷重や遊星歯車軸上の荷重が算出できる．紙面の都合により，計算結果はここで省略する．

第11章

外転型トロコイド減速機の
設計

産業ロボットの一例として川崎重工業（株）社製ロボットを図 11.1 に示す．産業ロボットの関節として利用されているサイクロイド減速機の断面図を図 11.2(a) に，また RV 減速機の断面図を図 11.2(b) に示している．図 11.2 に示すようにこの二つの減速機は同じ機構学の原理で作られているので，構造上は非常に似ている．また，これらの減速機にトロコイド曲線は外歯車（トロコイド歯車）の歯形として使われている．本章では，このトロコイド歯形を用いたサイクロイド減速機の機構学及び歯のかみあい理論を解説する．

11.1　数学的な基礎知識

　サイクロイド減速機の機構学及び歯のかみあい理論を解説するため

〔図 11.1〕川崎重工業（株）製産業ロボット及びその関節

に，まず次に示すベクトルに関する基礎知識を前もって知る必要がある．

図 11.3 に示す二次元座標系（O-XY）において，ベクトル $\vec{A}$ の長さを A とし，$\vec{A}$ が X 軸とのなす角度を θ とすれば，ベクトル $\vec{A}$ は次に示す複素数形式の式 (11.1) と指数形式の式 (11.2) で表される．式 (11.1) において，i は複素数を表し，$A\cos\theta$ は複素数の実部であり，$A\sin\theta$ は複素数の虚部である．また式 (11.2) において，e は指数を表す．

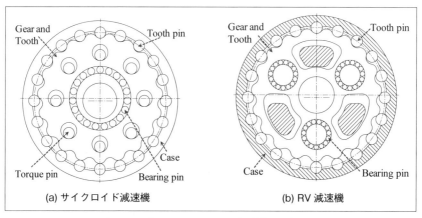

〔図 11.2〕サイクロイド減速機の断面図

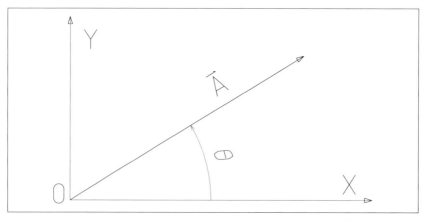

〔図 11.3〕二次元座標系（O-XY）におけるベクトル $\vec{A}$

$$\vec{A} = \mathrm{A}(\cos\theta + i\sin\theta) = \mathrm{A}\cos\theta + iA\sin\theta \quad \cdots\cdots\cdots\cdots \quad (11.1)$$

$$\vec{A} = \mathrm{A}e^{i\theta} \quad \cdots\cdots\cdots\cdots\cdots\cdots\cdots\cdots\cdots\cdots\cdots\cdots\cdots\cdots\cdots \quad (11.2)$$

式 (11.1) と式 (11.2) より，角度 θ はそれぞれ $0, \pi, 2\pi, N\times2\pi$ である場合には，$\vec{A}$ はそれぞれ次に示すようになる．だだし，N は任意の整数である．

（1）$\theta = 0$ の場合には，式 (11.1) と式 (11.2) は式 (11.3) と式 (11.4) になる．

$$\vec{A} = A\cos 0 + iA\sin 0 = A \quad \cdots\cdots\cdots\cdots\cdots\cdots\cdots \quad (11.3)$$

$$\vec{A} = \mathrm{A}e^{i0} = A \,(\text{即ち，} \quad e^{i0} = 1) \quad \cdots\cdots\cdots\cdots\cdots\cdots \quad (11.4)$$

（2）$\theta = \pi$ の場合には，式 (11.1) と式 (11.2) は式 (11.5) と式 (11.6) になる．

$$\vec{A} = A\cos\pi + iA\sin\pi = -A \quad \cdots\cdots\cdots\cdots\cdots\cdots \quad (11.5)$$

$$\vec{A} = \mathrm{A}e^{i\pi} = -A \,(\text{即ち，} \quad e^{i\pi} = -1) \quad \cdots\cdots\cdots\cdots \quad (11.6)$$

（3）$\theta = 2\pi$ の場合には，式 (11.1) と式 (11.2) は式 (11.7) と式 (11.8) になる．

$$\vec{A} = A\cos 2\pi + iA\sin 2\pi = A \quad \cdots\cdots\cdots\cdots\cdots\cdots \quad (11.7)$$

$$\vec{A} = \mathrm{A}e^{i2\pi} = A \,(\text{即ち，} \quad e^{i2\pi} = 1) \quad \cdots\cdots\cdots\cdots\cdots \quad (11.8)$$

（4）$\theta = N\times 2\pi$ の場合（N は $0, 1, 2, 3, \cdots$ のような整数である）には，式 (11.1) と式 (11.2) は式 (11.9) と式 (11.10) になる．

$$\vec{A} = A\cos N\times 2\pi + iA\sin N\times 2\pi = A \quad \cdots\cdots\cdots\cdots \quad (11.9)$$

$$\vec{A} = \mathrm{A}e^{iN\times2\pi} = A \,(\text{即ち，} \quad e^{iN\times2\pi} = 1) \quad \cdots\cdots\cdots\cdots \quad (11.10)$$

11.2 外転型サイクロイド減速機の機構学

図 11.4 を用いて外転型トロコイド曲線を用いたサイクロイド減速機の機構学及び歯のかみあい理論を解説する．外転型サイクロイド減速機のトロコイド歯形は図 11.4 に示す二つの円の相対的な転がり運動により形成される．図 11.4 において，大きな円を基礎円（Base Circle），また小さな円を発生円（Generating Circle）とする場合には，トロコイド曲線は発生円が基礎円の外周に沿って滑りなく転がる時に発生円の内部にある任意の点 A の軌跡により形成される．

図 11.4 において，点 P は基礎円の円心，R_P は基礎円の半径である．点 B は発生円の円心，R_g は発生円の半径，点 A は発生円の内部にある任意の一点である．発生円が基礎円の円周表面に沿って滑りがなく，転がる時には，点 A が描いた軌跡は外転型のトロコイド曲線である．基

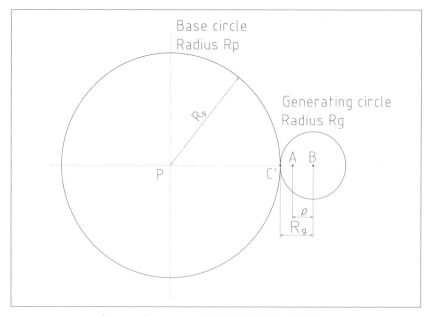

〔図 11.4〕トロコイド曲線の基礎円と発生円

礎円は固定されているので，この円は固定円とも呼ばれる．一方，発生円が基礎円表面に転がるので，この円は転がり円とも呼ばれる．

図 11.4 において，発生円が一回転した時に生じた点 A の軌跡は外歯車の一枚歯分の歯形となるので，すべての歯が完全なトロコイド曲線になるために，基礎円の周長と発生円の周長の比は整数でなければならない．即ち，式 (11.11) が得られる．外歯車はトロコイド歯車とも呼ばれている．ここで，N は整数であり，トロコイド歯車の歯数でもある．

$$\frac{2\pi R_P}{2\pi R_g} = \frac{R_P}{R_g} = N \ (N = 整数) \qquad\qquad (11.11)$$

また図 11.4 において，点 A から点 B までの距離を ρ とすれば，トロコイド曲線の修正係数 x が次に示すように定義される．ρ はトロコイド減速機のクランク軸の偏心量に相当する．

$$x = \frac{R_g - \rho}{R_g} \qquad\qquad\qquad\qquad (11.12)$$

修正係数 x の役割は平歯車の転位係数の役割と同じように，トロコイド曲線は唯一の曲線となるのではなく，転位平歯車のように歯形曲線を自由に選択できるようになる．平歯車の場合には，転位のない標準歯車であれば，歯形は唯一に決まるが，転位歯車を使うと，歯形が自由に変えられる．トロコイド歯車の場合では，同じ現象が起こっている．修正係数 x がゼロであれば，トロコイド曲線は唯一になり，この時のトロコイド曲線はサイクロイド曲線と呼ばれている．従って，減速機の設計は選択肢のない唯一の歯形となる．修正係数 x を導入すると，この修正係数 x によりトロコイド曲線の形状が変わるので，その中の優れた機械性能を持つトロコイド曲線を減速機の歯形として利用すれば，性能のよい減速機が設計できるようになる．

式 (11.12) より ρ を x で表すと，式 (11.13) が得られる．また，ρ と x が分かれば，転がり円の半径 R_g は式 (11.14) で求まる．更にトロコイド歯車の歯数を Z_d とすれば，基礎円の半径 R_p は式 (11.15) で求まる．

$$\rho = R_g - xR_g = (1 - x)R_g \qquad\qquad (11.13)$$

－ 209 －

11章 外転型トロコイド減速機の設計

$$R_g = \frac{\rho}{1 - x} \quad \cdots\cdots\cdots\cdots\cdots\cdots\cdots\cdots\cdots\cdots\cdots\cdots\cdots\cdots\cdots (11.14)$$

$$R_P = Z_d R_g \quad \cdots\cdots\cdots\cdots\cdots\cdots\cdots\cdots\cdots\cdots\cdots\cdots\cdots\cdots\cdots (11.15)$$

11.3 トロコイド歯車の歯形曲線

図 11.2 に示すように,サイクロイド減速機においてピンは内歯車の歯として利用されるので,サイクロイド減速機の歯形導出の際には,ピンの半径を考慮しなければならない.従って,図 11.5 に示すように半径 R_r のピンの中心を点 A に置くと,ピンとかみあうトロコイド歯車の歯形曲線は図 11.5 に示す点 D の軌跡により形成されたものとなる.即ち,点 D の軌跡を求めることは歯形曲線を求めることである.ここで,点 C は発生円と基礎円の接触点(転がり点)であり,点 D は点 A から点 C までの直線 $\overline{AC}$ が半径 R_r のピン円との交わる点である.

図 11.5 に発生円 R_g が図 11.4 に示す水平位置から基礎円の表面を反時計回りに角度 θ だけで転がった後の様子を示している.発生円が角度 θ

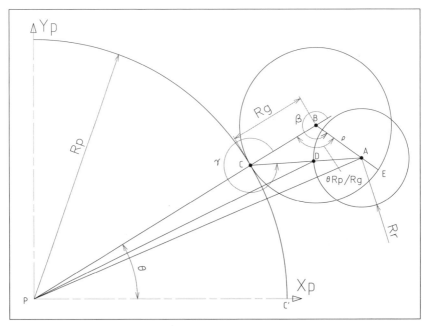

〔図 11.5〕点 D の軌跡(歯形曲線)

⚙ 11章 外転型トロコイド減速機の設計

だけで転がった時には，基礎円と発生円の接触点の位置は図11.4の点
C'から図11.5の点Cに変わった．点Cは発生円の瞬間回転中心であり，
減速機のピッチ点でもある．図11.5において，点Dはピン円とトロコイ
ド外歯車の歯面接触点であり，点Dの軌跡を次に示すように求める[30]．

図11.5に示すように三角形CDPにおいて，点Cの位置ベクトルを$\overrightarrow{PC}$
で，点Dの位置ベクトルを$\overrightarrow{PD}$で，点Cから点Dへの位置ベクトルを
$\overrightarrow{CD}$で表すと，ベクトル$\overrightarrow{PD}$は式(11.16)で求まる．

$$\overrightarrow{PD} = \overrightarrow{PC} + \overrightarrow{CD} \quad \cdots\cdots\cdots\cdots\cdots\cdots\cdots\cdots (11.16)$$

また図11.5に示す二次元座標系(P$-X_P\,Y_P$)において，$\overrightarrow{PC} = R_P e^{i\theta}$，$\overrightarrow{CD}$
$= (CA - DA)\,e^{i(\theta+\gamma)} = (AC - R_r)e^{i(\theta+\gamma)}$であり，$\overrightarrow{PD} = \overrightarrow{D_P}$とし，これらの式を
式(11.16)に代入すれば，式(11.17)が得られる．

$$\overrightarrow{D_P} = R_P e^{i\theta} + (AC - R_r)e^{i(\theta+\gamma)} \quad \cdots\cdots\cdots\cdots\cdots\cdots (11.17)$$

ここで，γはベクトル$\overrightarrow{CD}$がベクトル$\overrightarrow{PC}$の位置から$\overrightarrow{CD}$の位置まで回転
した時の回転角度である．この角度はベクトル$\overrightarrow{PC}$に対するベクトル$\overrightarrow{CD}$
の相対位置を表している．

式(11.17)は点Dの位置ベクトルである．この位置ベクトルを二次元
座標系(P$-X_P\,Y_P$)における(X, Y)座標値で表すと，点Dの座標値$(X_D,$
$Y_D)$は式(11.18)と式(11.19)で求まる．従って，トロコイド外歯車の歯
形曲線方程式は式(11.18)と式(11.19)となる．これらの式において，
ACとγが分かれば，トロコイド外歯車の歯形曲線が求まる．従って，
次にACとγの求め方を述べる．

$$X_D = R_P \cos\theta + (AC - R_r)\cos(\theta + \gamma) \quad \cdots\cdots\cdots\cdots (11.18)$$

$$Y_D = R_P \sin\theta + (AC - R_r)\sin(\theta + \gamma) \quad \cdots\cdots\cdots\cdots (11.19)$$

11.4 AC の求め方

　図 11.5 に示す三角形 ABC において，余弦定義により AC の長さを求めると，式 (11.20) が得られる．BC = R_g, BA = ρ, ∠CBA = $\theta R_P/R_g$ を式 (11.20) に代入すると，式 (11.21) または式 (11.22) が得られる．

$$AC^2 = BC^2 + BA^2 - 2 \times BC \times BA \times \cos\angle CBA \quad \cdots\cdots (11.20)$$

$$AC^2 = R_g{}^2 + \rho^2 - 2 \times R_g \times \rho \times \cos(\theta R_P/R_g) \quad \cdots\cdots (11.21)$$

$$AC = \sqrt{R_g{}^2 + \rho^2 - 2 \times R_g \times \rho \times \cos(\theta R_P/R_g)} \quad \cdots\cdots (11.22)$$

　また ∠CBA の求め方について，発生円が基礎円の表面を点 C′（図 11.4）から点 C（図 11.5）まで転がった場合には，基礎円表面を転がった円弧 C′C の長さが式 (11.23) で，発生円表面を転がった円弧 EC の長さが式 (11.24) で求まる．円弧 CC′ と円弧 EC の長さが同じであるので，式 (11.25) が得られる．そして式 (11.23) と式 (11.24) を式 (11.25) に代入すれば，式 (11.26) が得られる．

　　基礎円円弧 CC′の長さ：CC′ = $R_P\theta$ $\quad\cdots\cdots\cdots\cdots (11.23)$

　　発生円円弧 CE の長さ：CE = $R_g\angle CBA$ $\quad\cdots\cdots\cdots (11.24)$

　　円弧 C′Cの長さ＝円弧 ECの長さ $\quad\cdots\cdots\cdots\cdots (11.25)$

　　∠CBA = $\theta R_P/R_g$ $\quad\cdots\cdots\cdots\cdots\cdots\cdots\cdots (11.26)$

　∠CBE＝∠CBA であるので，式 (11.26) より，式 (11.27) が得られる．即ち，角度 θ は求められる．

$$\theta = \angle CBE \times R_g/R_P \quad\cdots\cdots\cdots\cdots\cdots\cdots\cdots\cdots (11.27)$$

11.5 角度γの求め方

図11.5に示す三角形ABCを切り取って拡大したものを図11.6に示す.図11.6において点Aを通って直線BCへ垂線を引き,この垂線と直線BCの延長線は点Fで交わる.即ち,点Fは垂線AFの垂足である.

図11.6に示すように角度γは式(11.28)で求まる.そして直角三角形ACFにおいて,式(11.29),式(11.30)と式(11.31)が得られる.更に直角三角形ABFにおいて,式(11.32)が得られるので,式(11.32)を式(11.31)に代入すれば,式(11.33)が得られる.式(11.30)と式(11.33)を式(11.29)に代入すれば,式(11.34)が得られる.式(11.34)を式(11.28)に代入すれば,角度γは式(11.35)で求まる.

$$\gamma = 2\pi - \angle BCA \quad \cdots\cdots\cdots\cdots\cdots\cdots\cdots\cdots (11.28)$$

$$\tan \angle BCA = {AF}/{CF} \quad \cdots\cdots\cdots\cdots\cdots\cdots\cdots (11.29)$$

$$AF = \rho \sin \angle ABF = \rho \sin(\pi - \theta R_P/R_g) = \rho \sin(\theta R_P/R_g)$$
$$\cdots\cdots (11.30)$$

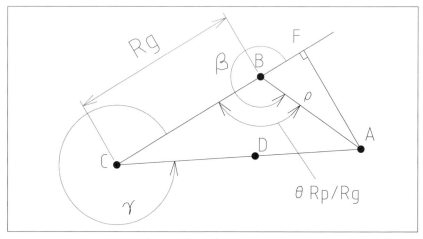

〔図11.6〕角度γの求め方

$$\text{CF} = \text{CB} + \text{BF} = R_g + BF \quad \cdots\cdots\cdots\cdots\cdots\cdots\cdots\cdots\cdots\cdots (11.31)$$

$$\text{BF} = \rho \cos \angle ABF = \rho \cos(\pi - \theta R_P/R_g) = -\rho \cos(\theta R_P/R_g)$$
$$\cdots\cdots (11.32)$$

$$\text{CF} = R_g - \rho \cos(\theta R_P/R_g) \quad \cdots\cdots\cdots\cdots\cdots\cdots\cdots\cdots\cdots (11.33)$$

$$\tan \angle BCA = \frac{\rho \sin(\theta R_P/R_g)}{R_g - \rho \cos(\theta R_P/R_g)} \quad \cdots\cdots\cdots\cdots\cdots\cdots (11.34)$$

$$\gamma = 2\pi - \angle BCA = 2\pi - \tan^{-1} \frac{\rho \sin(\theta R_P/R_g)}{R_g - \rho \cos(\theta R_P/R_g)} \quad \cdots\cdots (11.35)$$

11.6 点 A の軌跡の求め方

　点 A の軌跡を求めたい場合には，点 A の軌跡が次に示すように求まる．図 11.5 に示す三角形 ABP において，ベクトル $\overrightarrow{PA}$ は式 (11.36) で計算される．また，$\overrightarrow{PA}$，$\overrightarrow{PB}$ 及び $\overrightarrow{BA}$ をそれぞれ式 (11.37)，式 (11.38) と式 (11.39) で表し，これらの式を式 (11.36) に代入すると，式 (11.40) が得られる．

$$\overrightarrow{PA} = \overrightarrow{PB} + \overrightarrow{BA} \quad\cdots\cdots\cdots\cdots\cdots\cdots\cdots\cdots\cdots\cdots\cdots\cdots\cdots\cdots (11.36)$$

$$\overrightarrow{PA} = \overrightarrow{A_P} \quad\cdots\cdots\cdots\cdots\cdots\cdots\cdots\cdots\cdots\cdots\cdots\cdots\cdots\cdots\cdots (11.37)$$

$$\overrightarrow{PB} = (R_P + R_g)\mathrm{e}^{i\theta} \quad\cdots\cdots\cdots\cdots\cdots\cdots\cdots\cdots\cdots\cdots\cdots (11.38)$$

$$\overrightarrow{BA} = \rho\mathrm{e}^{i(\theta+\beta)} \quad\cdots\cdots\cdots\cdots\cdots\cdots\cdots\cdots\cdots\cdots\cdots\cdots (11.39)$$

$$\overrightarrow{A_P} = (R_P + R_g)\mathrm{e}^{i\theta} + \rho\mathrm{e}^{i(\theta+\beta)} \quad\cdots\cdots\cdots\cdots\cdots\cdots (11.40)$$

11.7 ピン中心座標値の求め方

発生円が一回転した場合には，転がった円弧の長さは発生円の周長 ($2\pi R_g$) に等しくなるので，この時に基礎円の表面の転がった円弧の長さも ($2\pi R_g$) である．この時，転がった基礎円表面の円弧の角度を θ とすると，角度 θ は式 (11.41) を満たすので，式 (11.41) より，式 (11.42) が得られる．

$$\theta R_P = 2\pi R_g \quad \cdots\cdots\cdots\cdots\cdots\cdots\cdots\cdots\cdots\cdots\cdots\cdots (11.41)$$

$$\theta = \frac{2\pi}{\left(\dfrac{R_P}{R_g}\right)} \quad \cdots\cdots\cdots\cdots\cdots\cdots\cdots\cdots\cdots\cdots\cdots (11.42)$$

ここで，(R_P/R_g) はトロコイド外歯車の歯数である．サイクロイド減速機のピン本数がトロコイド外歯車の歯数より一枚多いので，内歯車の歯として使用するピンの本数は ($1 + R_P/R_g$) となる．

ピンの番号を N で表し，各ピンの角度を θ_{pin} で表す場合には，各ピンの位置を次に示す式 (11.43) で表すことができる．

$$\theta_{pin} = \emptyset + \frac{2\pi}{\left(1 + \dfrac{R_P}{R_g}\right)}(N-1) \quad \cdots\cdots\cdots\cdots\cdots\cdots\cdots (11.43)$$

ここで，N は整数であり，$1 \leq N \leq (1 + R_P/R_g)$ である．$\emptyset$ は一番目のピンの初期位置を表す角度であり，その範囲は式 (11.44) で表される．

$$\emptyset = 0° \sim \frac{2\pi}{\left(1 + \dfrac{R_P}{R_g}\right)} \quad \cdots\cdots\cdots\cdots\cdots\cdots\cdots\cdots\cdots (11.44)$$

式 (11.43) より，N = 1, 2, 3,$\cdots$,i の時には，ピンの角度はそれぞれ式 (11.45), 式 (11.46), 式 (11.47) と式 (11.48) で表される．

11章 外転型トロコイド減速機の設計

$$\text{ピン番号 N} = 1 \text{の場合：} \theta_{pin} = 0° \sim \frac{2\pi}{\left(1 + \dfrac{R_P}{R_g}\right)} + \emptyset \quad \cdots\cdots (11.45)$$

$$\text{ピン番号 N} = 2 \text{の場合：} \theta_{pin} = 1 \times \frac{2\pi}{\left(1 + \dfrac{R_P}{R_g}\right)} \sim 2 \times \frac{2\pi}{\left(1 + \dfrac{R_P}{R_g}\right)} + \emptyset$$
$$\cdots\cdots (11.46)$$

$$\text{ピン番号 N} = 3 \text{の場合：} \theta_{pin} = 2 \times \frac{2\pi}{\left(1 + \dfrac{R_P}{R_g}\right)} \sim 3 \times \frac{2\pi}{\left(1 + \dfrac{R_P}{R_g}\right)} + \emptyset$$
$$\cdots\cdots (11.47)$$

$$\text{ピン番号 N} = i \text{の場合：} \theta_{pin} = (i - 1) \times \frac{2\pi}{\left(1 + \dfrac{R_P}{R_g}\right)} \sim i \times \frac{2\pi}{\left(1 + \dfrac{R_P}{R_g}\right)} + \emptyset$$
$$\cdots\cdots (11.48)$$

また，図 11.6 において，式 (11.49) が得られる．

$$\beta = \pi + \theta R_P / R_g \qquad\cdots\cdots\cdots\cdots\cdots\cdots\cdots\cdots\cdots\cdots\cdots (11.49)$$

式 (11.48) を式 (11.39) に代入すると，式 (11.50) が得られる．また式 (11.43) を式 (11.50) に代入すれば，式 (11.51) が得られる．また，式 (11.51) は式 (11.52) に簡略化される．

$$\overrightarrow{BA} = \rho e^{i(\theta+\beta)} = \rho e^{i(\theta+\pi+\theta R_P/R_g)} = \rho e^{i(\theta+\theta R_P/R_g)} e^{i\pi} = -\rho e^{i\theta(1+R_P/R_g)}$$
$$\cdots\cdots (11.50)$$

$$\overrightarrow{BA} = -\rho e^{i\left[\emptyset+\frac{2\pi}{\left(1+\frac{R_P}{R_g}\right)}(N-1)\right]\left(1+\frac{R_P}{R_g}\right)} = -\rho e^{i\emptyset(1+R_P/R_g)} e^{i2\pi(N-1)}$$
$$\cdots\cdots (11.51)$$

$$\overrightarrow{BA} = -\rho e^{i\emptyset\left(1+\frac{R_P}{R_g}\right)} \qquad\cdots\cdots\cdots\cdots\cdots\cdots\cdots\cdots\cdots\cdots (11.52)$$

式 (11.49) を式 (11.40) に代入して整理すれば，式 (11.53) が得られる.

$$\overrightarrow{A_P} = \left(R_P + R_g\right)e^{i\theta} - \rho e^{i\emptyset(1+R_P/R_g)} \quad \cdots\cdots\cdots\cdots\cdots\cdots (11.53)$$

11.8 転がり瞬間中心 C の位置

転がり円の転がる瞬間中心 C の位置をベクトル $\overrightarrow{PC}$ で表せる. 即ち, 式 (11.54) で表せる.

$$\overrightarrow{PC} = R_p e^{i\theta} \quad \cdots\cdots\cdots\cdots\cdots\cdots\cdots\cdots\cdots\cdots\cdots\cdots\cdots\cdots\cdots (11.54)$$

11.9 設計計算例

　外転型トロコイド減速機を自動に設計・出図できるようにするために，AutoCAD VBA を用いて専用ソフト開発を行った．開発したソフトのユーザーフォームを図11.7(a) に示している．図に示すように減速機設計に必要な諸元をユーザーフォームに入力し，「実行」コマンドを押せば，図11.7(b) に示すように外転型トロコイド減速機が即座に設計・出図される．

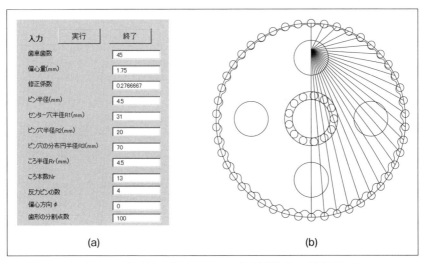

〔図11.7〕外転型トロコイド減速機構造の設計例

第12章

内転型トロコイド減速機の設計

12.1　内転型トロコイド歯形の形成原理

　内転型サイクロイド減速機の歯形が図12.1(a)に示すように固定円（基礎円）の内側に配置された転がり円（発生円）があり，この発生円が基礎円の内側に接触しながら滑りがなく転がる時，発生円の内部にある任意点Aにより形成される軌跡である．

　図12.1(b)において，基礎円の円心はPであり，半径はR_pである．また発生円の円心はBであり，半径はR_gである．点Aは発生円の半径R_g上の任意の一点である．発生円が基礎円内側の円周面を転がりながら，点Aが描いた軌跡はハイポトロコイド（Hypo-trochoid）曲線と呼ばれる．発生円が一回転すると，点Aにより形成された軌跡は一枚分歯の歯形となる．この歯形曲線を使用した内歯車はトロコイド内歯車と呼ばれる．

　図12.1(b)において，点AとBの間の距離をρとする．この距離はトロコイド減速機の偏心量に相当する．歯形の修正係数xを導入し，式(12.1)で定義する．また式(12.2)に示すように，ρを修正係数で表すこともできる．更に偏心量ρと修正係数xが分かれば，転がり円の半径

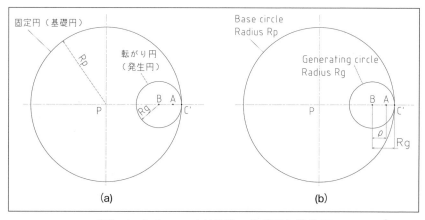

〔図12.1〕トロコイド曲線の基礎円と発生円

⚙ 12章 内転型トロコイド減速機の設計

R_g は式 (12.3) で求まる. トロコイド内歯車の歯数を Z_d とすると, 式 ($R_P/R_g = Z_d$) より, 基礎円半径 R_P は式 (12.4) で求まる.

$$x = \frac{R_g - \rho}{R_g} \quad\text{...} \quad (12.1)$$

$$\rho = R_g - xR_g = (1-x)R_g \quad\text{...............................} \quad (12.2)$$

$$R_g = \frac{\rho}{1-x} \quad\text{...} \quad (12.3)$$

$$R_P = Z_d R_g \quad\text{...} \quad (12.4)$$

ハイポトロコイド曲線をトロコイド内歯車の歯形曲線として利用する場合には, 歯形曲線を次に示すように求める.

図 12.2 に示す三角形 CPD において, 点 C は発生円と基礎円の接触点であり, 転がり点でもある. またこの点はトロコイド歯車のピッチ点である. 図に示すように内転型トロコイド減速機の場合には, ピンが基礎円の内側に配置されるので, ピンの中心点 A から転がり点 C まで引いた直線 AC がピンと点 D で交わる. 転がり円が転がる時に点 D による軌跡は内転型トロコイド減速機の内歯車の歯形となる. 従って, トロコイド歯形を求めるには, 点 D の軌跡を求めればよいことになる. 点 D の軌跡を位置ベクトル $\overrightarrow{PD}$ で表すと, 図 12.2 に示す三角形 CPD において, $\overrightarrow{PD}$ は式 (12.5) で求まる.

$$\overrightarrow{PD} = \overrightarrow{PC} + \overrightarrow{CD} \quad\text{..} \quad (12.5)$$

ここで, $\overrightarrow{PD} = \overrightarrow{D_P}$, $\overrightarrow{PC} = R_P e^{i\theta}$, $\overrightarrow{CD} = (AC - AD)\ e^{i(\theta+\gamma)} = (AC - R_r)e^{i(\theta+\gamma)}$ であるので, これらの式を式 (12.5) に代入すれば, 式 (12.6) が得られる.

$$\overrightarrow{D_P} = R_P e^{i\theta} + (AC - R_r)e^{i(\theta+\gamma)} \quad\text{........................} \quad (12.6)$$

ここで, R_r は外歯車の歯として利用されるピンの半径である. γ はベクトル $\overrightarrow{CD}$ がベクトル $\overrightarrow{PC}$ の位置から $\overrightarrow{CD}$ の位置まで回転した時の回転角度である. この角度を用いて, ベクトル $\overrightarrow{CD}$ のベクトル $\overrightarrow{PC}$ に対する相対

- 226 -

位置を表す.

図 12.2 に示す二次元座標系 $(P-X_P Y_P)$ において，点 D の軌跡を (X_D, Y_D) 値で表すと，トロコイド曲線は次に示す式で求まる.

$$X_D = R_P \cos\theta + (AC - R_r)\cos(\theta + \gamma) \quad \cdots\cdots\cdots\cdots\cdots (12.7)$$

$$Y_D = R_P \sin\theta + (AC - R_r)\sin(\theta + \gamma) \quad \cdots\cdots\cdots\cdots\cdots (12.8)$$

上式より，AC と γ が分かれば，(X_D, Y_D) は求まる．従って，次に AC と γ の求め方を述べる.

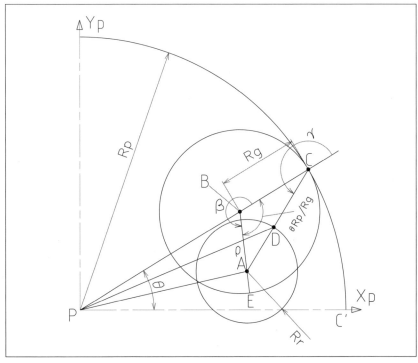

〔図 12.2〕内転トロコイド歯形の発生原理

12. 2 AC の求め方

図 12.2 に示す三角形 BCA において，余弦定義により，AC の長さは式 (12.9) で求まる．$BC = R_g$，$BA = \rho$ と $\angle CBA = \theta R_P/R_g$ を式 (12.9) に代入すると，式 (12.10) が得られる．従って AC は式 (12.11) で求まる．

$$AC^2 = BC^2 + BA^2 - 2 \times BC \times BA \times \cos\angle CBA \quad \cdots\cdots\cdots \quad (12.9)$$

$$AC^2 = R_g{}^2 + \rho^2 - 2 \times R_g \times \rho \times \cos(\theta R_P/R_g) \quad \cdots\cdots\cdots (12.10)$$

$$AC = \sqrt{R_g{}^2 + \rho^2 - 2 \times R_g \times \rho \times \cos(\theta R_P/R_g)} \quad \cdots\cdots\cdots (12.11)$$

$\angle CBA$ は次に示すように求まる．円弧 CC' の長さは式 (12.12) で，円弧 CE の長さは式 (12.13) で求まるので，この二つの式により，円弧 CC' の長さが円弧 CE の長さが同じであるので，式 (12.14) が得られる．

$$\text{円弧CC'の長さ：CC'} = R_P\theta \quad \cdots\cdots\cdots\cdots\cdots\cdots\cdots\cdots\cdots\cdots (12.12)$$

$$\text{円弧CEの長さ：CE} = R_g\angle CBA \quad \cdots\cdots\cdots\cdots\cdots\cdots\cdots (12.13)$$

$$\angle CBA = \theta R_P/R_g \quad \cdots\cdots\cdots\cdots\cdots\cdots\cdots\cdots\cdots\cdots\cdots (12.14)$$

12.3 角度γの求め方

図 12.2 に示す三角形 ABC を拡大したものを図 12.3 に示している．図 12.3 において，点 A から直線 BC へ垂線を引き，この垂線は直線 BC の延長線と点 F で交わる．即ち，点 F は垂線 AF の垂足である．

図 12.3 に示すように，γ=π+∠BCA である．直角三角形 FCA において，三角関数により，式 (12.15) が得られる．また直角三角形 AFB において，辺 AF は式 (12.16) で求まる．直線 FC の長さは直線 FB と直線 BC の合計であるので，式 (12.17) で求まる．

$$\tan \angle \mathrm{BCA} = AF/FC \quad \cdots\cdots\cdots\cdots\cdots\cdots\cdots\cdots\cdots\cdots (12.15)$$

$$\mathrm{AF} = \rho \sin \angle \mathrm{ABF} = \rho \sin(\pi - \theta R_P/R_g) = \rho \sin(\theta R_P/R_g)$$
$$\cdots\cdots (12.16)$$

$$\mathrm{FC} = \mathrm{CB} + \mathrm{BF} = R_g + BF \quad \cdots\cdots\cdots\cdots\cdots\cdots\cdots\cdots (12.17)$$

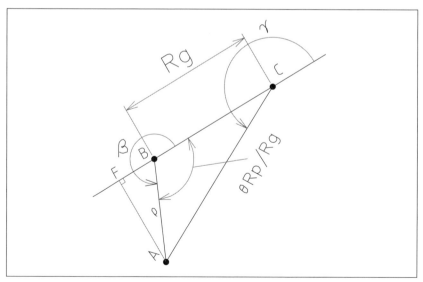

〔図 12.3〕角度 γ の求め方

⚙ 12章 内転型トロコイド減速機の設計

また，三角形 AFB において，辺 BF は式 (12.18) で求まる．

$$BF = \rho \cos\angle ABF = \rho \cos(\pi - \theta R_P/R_g) = -\rho \cos(\theta R_P/R_g)$$
$$\cdots\cdots (12.18)$$

式 (12.18) を式 (12.17) に代入すれば，式 (12.19) が得られる．

$$FC = R_g - \rho \cos(\theta R_P/R_g) \cdots\cdots\cdots\cdots\cdots\cdots\cdots\cdots (12.19)$$

AF と FC が求まれば，式 (12.16) と式 (12.17) を式 (12.15) に代入し，∠BCA は式 (12.20) で求まる．

$$\tan\angle BCA = \frac{\rho \sin(\theta R_P/R_g)}{R_g - \rho \cos(\theta R_P/R_g)} \cdots\cdots\cdots\cdots\cdots\cdots (12.20)$$

更に，式 (12.20) を式 ($\gamma = \pi + \angle BCA$) に代入すれば，角度 γ は式 (12.21) で求まる．

$$\gamma = \pi + \angle BCA = \pi + \tan^{-1} \frac{\rho \sin(\theta R_P/R_g)}{R_g - \rho \cos(\theta R_P/R_g)} \cdots\cdots (12.21)$$

12. 4　点 A の軌跡の求め方

点 A の軌跡の求め方を次に示す．図 12.2 に示す三角形 ABP において，点 A の軌跡を位置ベクトル $\overrightarrow{PA}$ で表すと，$\overrightarrow{PA}$ は式 (12.22) で求まる．また $\overrightarrow{PA}$ を式 (12.23) で，$\overrightarrow{PB}$ を式 (12.24) で，$\overrightarrow{BA}$ を式 (12.25) で表し，これらの式を式 (12.22) に代入すると，式 (12.26) が得られる．

$$\overrightarrow{PA} = \overrightarrow{PB} + \overrightarrow{BA} \quad\cdots\cdots\cdots\cdots\cdots\cdots\cdots\cdots\cdots\cdots\cdots\cdots\cdots\cdots (12.22)$$

$$\overrightarrow{PA} = \overrightarrow{A_P} \quad\cdots\cdots\cdots\cdots\cdots\cdots\cdots\cdots\cdots\cdots\cdots\cdots\cdots\cdots\cdots\cdots\cdots (12.23)$$

$$\overrightarrow{PB} = (R_P - R_g)e^{i\theta} \quad\cdots\cdots\cdots\cdots\cdots\cdots\cdots\cdots\cdots\cdots\cdots\cdots (12.24)$$

$$\overrightarrow{BA} = \rho e^{i(\theta+\beta)} \quad\cdots\cdots\cdots\cdots\cdots\cdots\cdots\cdots\cdots\cdots\cdots\cdots\cdots\cdots (12.25)$$

$$\overrightarrow{A_P} = (R_P - R_g)e^{i\theta} + \overrightarrow{BA} \quad\cdots\cdots\cdots\cdots\cdots\cdots\cdots\cdots\cdots (12.26)$$

12.5 ピン中心座標値の求め方

　発生円が一回転する場合には，転がった円弧の長さは発生円の周長 $(2\pi R_g)$ となる．この時に基礎円内側の表面を転がった基礎円の円弧長さも $(2\pi R_g)$ に等しくなる．この時，転がった基礎円円弧の角度を θ とすれば，θ は式 (12.27) を満足しているので，式 (12.28) が得られる．

$$\theta R_P = 2\pi R_g \quad\cdots\cdots\cdots\cdots\cdots\cdots\cdots\cdots\cdots\cdots\cdots\cdots (12.27)$$

$$\theta = \frac{2\pi}{\left(\dfrac{R_P}{R_g}\right)} \quad\cdots\cdots\cdots\cdots\cdots\cdots\cdots\cdots\cdots\cdots (12.28)$$

　ここで，(R_P/R_g) はトロコイド内歯車の歯数である．外歯車の歯として利用されているピンの本数は内歯車の歯数より一枚少ないので，ピンの本数は $(R_P/R_g - 1)$ となる．

　ピンの番号を N で表し，各ピンの角度を θ_{pin} で表す場合には，各ピンの位置を次に示す式 (12.29) で表すことができる．

$$\theta_{pin} = \emptyset + \frac{2\pi}{\left(\dfrac{R_P}{R_g} - 1\right)}(N-1) \quad\cdots\cdots\cdots\cdots\cdots\cdots (12.29)$$

　ここで，N は整数であり，$1 \leq N \leq (\frac{R_P}{R_g} - 1)$ である．$\emptyset$ は一番目のピンの初期位置を表す角度であり，その範囲は式 (12.30) で表される．

$$\emptyset = 0° \sim \frac{2\pi}{\left(\dfrac{R_P}{R_g} - 1\right)} \quad\cdots\cdots\cdots\cdots\cdots\cdots\cdots\cdots (12.30)$$

　N = 1, 2, 3, $\cdots$, i の時のピンの角度はそれぞれ式 (12.31), 式 (12.32), 式 (12.33) と式 (12.34) で表される．

$$\text{ピン番号} N = 1 \text{の場合：} \theta_{pin} = 0° \sim \frac{2\pi}{\left(\dfrac{R_P}{R_g} - 1\right)} + \emptyset \quad\cdots (12.31)$$

ピン番号 N = 2 の場合：$\theta_{pin} = 1 \times \dfrac{2\pi}{\left(\dfrac{R_P}{R_g} - 1\right)} \sim 2 \times \dfrac{2\pi}{\left(\dfrac{R_P}{R_g} - 1\right)} + \emptyset$

$$\cdots\cdots (12.32)$$

ピン番号 N = 3 の場合：$\theta_{pin} = 2 \times \dfrac{2\pi}{\left(\dfrac{R_P}{R_g} - 1\right)} \sim 3 \times \dfrac{2\pi}{\left(\dfrac{R_P}{R_g} - 1\right)} + \emptyset$

$$\cdots\cdots (12.33)$$

ピン番号 N = i の場合：$\theta_{pin} = (i - 1) \times \dfrac{2\pi}{\left(\dfrac{R_P}{R_g} - 1\right)} \sim i \times \dfrac{2\pi}{\left(\dfrac{R_P}{R_g} - 1\right)} + \emptyset$

$$\cdots\cdots (12.34)$$

また，図 12.3 において，次に示す式 (12.35) が得られる．

$$\beta = 2\pi - \theta R_P/R_g \cdots\cdots\cdots\cdots\cdots\cdots\cdots\cdots\cdots\cdots (12.35)$$

式 (12.25) に式 (12.35) を代入すると，式 (12.36) が得られる．また式 (12.29) を式 (12.36) に代入すれば，式 (12.37) が得られ，また式 (12.37) は式 (12.38) に簡略化される．

$$\overrightarrow{BA} = \rho e^{i(\theta+\beta)} = \rho e^{i(\theta+2\pi-\theta R_P/R_g)} = \rho e^{i(\theta-\theta R_P/R_g)} e^{i2\pi} = \rho e^{i\theta(1-R_P/R_g)}$$

$$\cdots\cdots (12.36)$$

$$\overrightarrow{BA} = \rho e^{i\left[\emptyset + \frac{2\pi}{\left(\frac{R_P}{R_g}-1\right)}(N-1)\right]\left(1-\frac{R_P}{R_g}\right)} = \rho e^{i\emptyset(1-R_P/R_g)} e^{i-2\pi(N-1)}$$

$$\cdots\cdots (12.37)$$

$$\overrightarrow{BA} = \rho e^{i\emptyset\left(1-\frac{R_P}{R_g}\right)} \cdots\cdots\cdots\cdots\cdots\cdots\cdots\cdots\cdots\cdots (12.38)$$

式 (12.38) を式 (12.26) に代入して，整理すれば，式 (12.39) が得られる．

$$\overrightarrow{A_P} = (R_P - R_g)e^{i\theta} + \rho e^{i\emptyset(1-R_P/R_g)} \cdots\cdots\cdots\cdots\cdots (12.39)$$

⚙ 12章 内転型トロコイド減速機の設計

12.6 転がり瞬間中心 C の位置

転がり円の転がる瞬間中心 C の位置をベクトル $\overrightarrow{PC}$ で表せる．即ち，式 (12.40) で表せる．

$$\overrightarrow{PC} = R_P e^{i\theta} \quad \cdots\cdots\cdots\cdots\cdots\cdots\cdots\cdots\cdots\cdots\cdots\cdots\cdots\cdots\cdots\cdots (12.40)$$

12.7　設計計算例

　内転型トロコイド減速機を自動に設計・出図できるようにするために，AutoCAD VBA を用いて専用ソフト開発を行った．開発したソフトのユーザーフォームを図 12.4(a) に示している．図に示すように減速機設計に必要な諸元をユーザーフォームに入力し，「実行」コマンドを押せば，図 12.4(b) に示すように内転型トロコイド減速機が即座に設計・出図される．

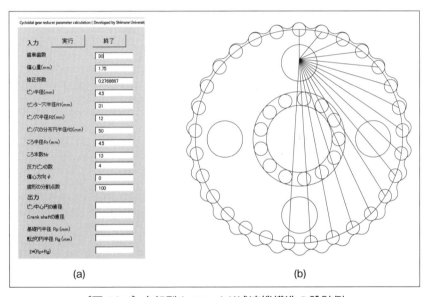

〔図 12.4〕内転型トロコイド減速機構造の設計例

第13章

トロコイド減速機の
強度計算

トロコイド減速機の強度を計算する前に，まず各部品間の接触荷重を知る必要がある．接触荷重が分かれば，接触荷重により各部品表面の接触面圧（接触応力とも呼ばれている），接触面下の最大せん断応力及び曲げ応力の分布を計算できるので，これらの応力により各部品の強度を評価できるようになる．トロコイド減速機の場合には，歯たけが低いので，平歯車のような歯元折れ破損がなく，この減速機の強度を計算する場合には，各部品間の接触強度のみを計算すればよいことになる．即ち，（1）歯とピンの接触強度，（2）ブッシュとブッシュ穴の接触強度と（3）センターころとトロコイドギヤセンター穴の接触強度を計算すればよい．

　トロコイド減速機の各部品間の接触荷重を求めるために筆者が1994年からトロコイド減速機の接触問題を弾性体の接触問題として研究し，そして二次元有限要素法を用いてこの減速機の接触問題を解析できる数値方法を提案したとともに，専用ソフトを開発した[31-35]．開発した専用ソフトでトロコイド減速機の歯面荷重，ブッシュ上の荷重とセンターころ上の荷重を計算できるようになった．得られた荷重をヘルツ式に代入すれば，各部品の接触表面の面圧及び接触面下の最大せん断応力が計算できるようになる．また有限要素法でトロコイドギヤの構造変形と応力も解析できるようになる．

　厳密に言えば，トロコイド減速機の接触強度計算問題は三次元的なものであり，減速機の歯面に生じたエッジロードを解析できるようにするために，やはりこの減速機に対して三次元的な解析を行うべきであるが，三次元的な有効な数値解析法がまだ見つからず，この減速機の強度をある程度で計算できるようにするために，筆者はこの三次元的な問題を二次元的に簡略化した．二次元的に解析した結果を次に簡単に紹介する．この解析方法の詳細については文献（35）を参照してほしい．

　部品の加工誤差，組立誤差及びトロコイドギヤの歯形修整は減速機の接触強度にも大きな影響を及ぼしている[31-32]．従って減速機の強度計算の際には，加工誤差，組立誤差及び歯形修整の影響を考慮すべきである．筆者はトロコイドギヤの加工誤差と歯形修整を減速機の強度解析に考慮

13章 トロコイド減速機の強度計算

できるようにしたが[31-32]，ここで誤差や修整のない理想歯車の強度解析結果のみを紹介する．

　開発した専用ソフトで設計した外転型トロコイド減速機を図13.1に示す．この減速機の歯車諸元と各穴の半径を図13.1の左側に示している．この減速機を強度解析の対象とする．反力ピンとブッシュを入れた後の減速機の様子を図13.2に示している．図13.2において歯に1～51まで，ブッシュ（反力ピン）に1～9まで，センターころに1～13までの番号を振って歯，ブッシュところの位置を示している．これらの番号は強度解析結果グラフの横軸として使われている．

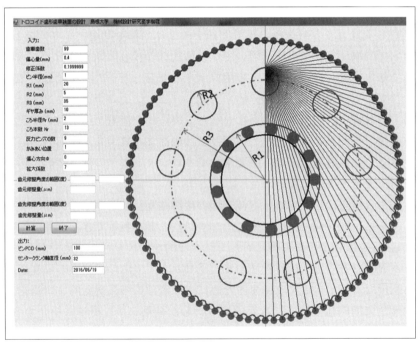

〔図13.1〕外転型トロコイド減速機の設計

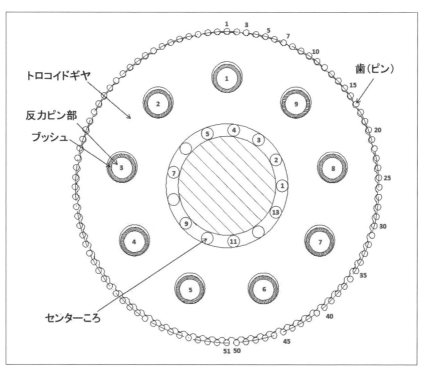

〔図 13.2〕ピン，ブッシュとセンターころの番号

13.1　有限要素法による減速機の接触解析

　筆者が開発した専用有限要素法ソフト[31-35]を用いて，減速機の強度解析を行った．減速機の接触解析のために提案した専用有限要素法モデルを図 13.3 に示している．図に示すようにピン，ブッシュ（反力ピン）とセンターころを接触要素で置き換えた．解析の際には，減速機の出力側にそれぞれ 50Nm と 100Nm のトルクを加え，まず歯，ブッシュとセンターころ上の荷重分布を求め，そしてこれらの荷重により歯面，ブッシュとセンターころ上の接触応力（面圧）を求めた．勿論，歯，ブッシュところ上の荷重は減速機の回転角度により変わるが，平歯車のようにこ

13章 トロコイド減速機の強度計算

の減速機にも最悪かみあい位置が存在するので,強度解析は最悪かみあい位置で行われればよいことになる.理想歯車の場合には,最悪かみあい位置はクランク軸の偏芯方向が上向きの90°の時である.即ち,図13.3に示すように偏芯する時である.

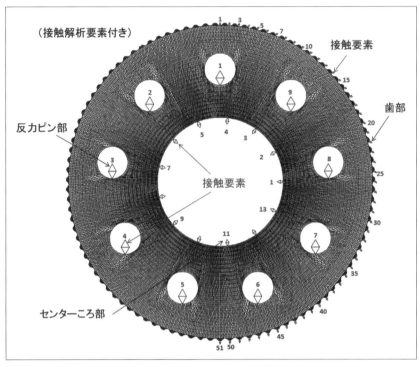

〔図13.3〕減速機接触解析のための二次元有限要素法モデル

13.2　歯面の接触強度の計算

　専用ソフトで解析した歯面荷重と歯面接触応力をそれぞれ図 13.4 と図 13.5 に示している．これらの図の横軸は図 13.2 に示す歯（ピン）の番号であり，縦軸はそれぞれ歯面の荷重と接触応力である．図 13.4 より 38 番の歯に最大歯面荷重が生じ，また図 13.5 より 31 番の歯に最大接触応力 861MPa が生じていることが分かる．この最大接触応力は許容値の 1200MPa を下回っているので，歯面接触強度に問題がないと判断できる．また図 13.4 と図 13.5 より 1～3 番の歯が荷重を分担していないため，これらの歯が仕事をしていないことが分かる．

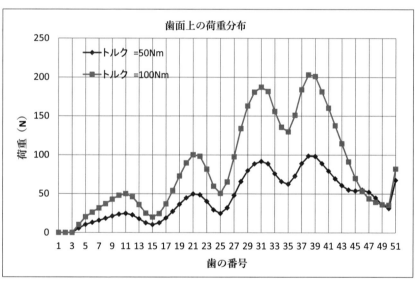

〔図 13.4〕歯面荷重分布の解析結果

13章 トロコイド減速機の強度計算

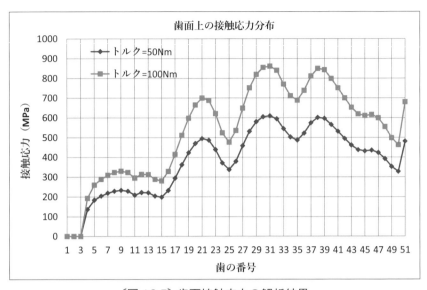

〔図13.5〕歯面接触応力の解析結果

13.3　ブッシュの接触強度の計算

　図 13.6 と図 13.7 に解析したブッシュ上の荷重と接触応力を示す．これらの図の横軸は図 13.2 に示すブッシュの番号であり，縦軸はブッシュ

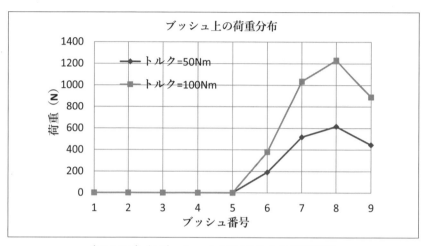

〔図 13.6〕各ブッシュ上の荷重分布の解析結果

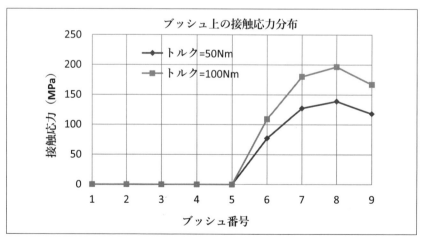

〔図 13.7〕各ブッシュ上の接触応力の解析結果

13章 トロコイド減速機の強度計算

上の荷重と接触応力である．図 13.6 と図 13.7 より 8 番のブッシュに最大荷重と最大接触応力が生じ，この最大接触応力は 196MPa であり，許容値の 1200MPa を大きく下回っているので，ブッシュの接触強度に問題がないと判断できる．

13.4 センターころの接触強度計算

　図13.8と図13.9に解析したセンターころ上の荷重と接触応力の分布を示している．これらの図の横軸は図13.2に示すころの番号であり，

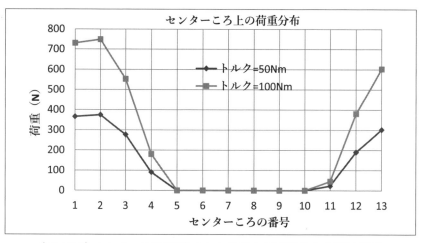

〔図13.8〕センター穴に配置されたころ上の荷重分布の解析結果

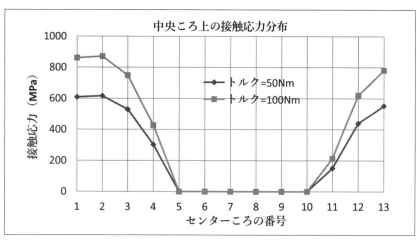

〔図13.9〕センター穴に配置されたころ上の接触応力の解析結果

縦軸はころ上の荷重と接触応力である．図13.8と図13.9より，2番のころに最大荷重と最大接触応力871MPaがあり，この最大接触応力は許容値の1200MPaを下回っているので，ころの接触強度にも問題がないと判断できる．

　機械部品の接触破損は表面起点による接触破損と内部起点による破損があるので，歯面接触強度を評価する場合には，内部き裂を引き起こす接触面下の最大せん断応力の計算も重要である．トロコイド減速機の場合には，各接触部品間の荷重が分かれば，ヘルツ式により接触面下の最大せん断応力が式(4.15)で近似的に計算できる．この最大せん断応力を材料のせん断疲労破損の許容値と比較し，許容値を下回ればよいことになる．

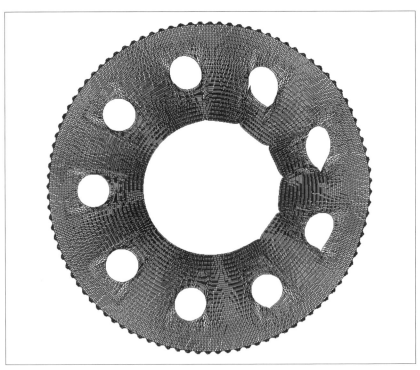

〔図13.10〕FEMで解析したトロコイドギヤの変形

トロコイドギヤの変形拡大図を図 13.10 に示している．図に示すように ブッシュと接触する右側のブッシュ穴の接触部に大きな変形が生じて いることが分かる．

付録

付録1：一対の平歯車の設計計算プログラム

本書の使い方

書籍購入限定特典として，AutoCAD のプログラムデータを科学情報出版 (株) HP からダウンロードできます．

下記 URL にアクセスのうえ，ユーザー名とパスワードを入力してください．

URL：https://www.it-book.co.jp/books/158.html
ユーザ名：haguruma-kagaku
パスワード：hB7DcuGy

筆者が開発した歯車設計プログラムの一例として，一対の平歯車の設計・製図プログラムをここで公開します．このプログラムを次に示すように AutoCAD か AutoCAD Mechanical ソフトウェアに挿入してから使ってください．

まず AutoCAD か AutoCAD Mechanical ソフトウェアを「新規作成」で立ち上げてから，図付録 1.1 に示すように AutoCAD のリボンの「管理」タブをクリックしてください．そして「Visual Basic Editor」をクリックすれば，図付録 1.2 に示すように AutoCAD 環境で使える Visual Basic 言語ソフトが立ち上がります．事前に Visual Basic 言語ソフトが AutoCAD に装着されていなかった場合には，インターネットが繋がっている状態で，図付録 1.1 に示す「Visual Basic Editor」をクリックすれば，Visual Basic 言語ソフトが自動にインストールされるので，インストールされた後に，パソコンを再起動してから AutoCAD を再度立ち上げてください．

付録

〔図付録 1.1〕AutoCAD の Visual Basic 機能

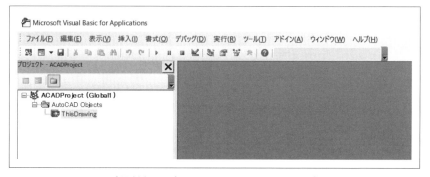

〔図付録 1.2〕Visual Basic の立ち上げ

　Visual Basic 言語ソフトが立ち上がった後に，図付録 1.3 に示すように Visual Basic のユーザーフォームを作成してください．そしてこのユーザーフォームにある「計算」コマンドをクリックすれば，図付録 1.4 に示すプログラムの作成エリアが現れ，このエリアに添付のプログラムを書き写せば，プログラムが使えるようになります．図付録 1.4 にプログラムを書き写した後の様子を示しています．プログラムが再度使えるようにするために，プログラムを書き写した後に Visual Basic 言語ソフトの「保存」でこのプログラムを保存してください．

〔図付録 1.3〕プログラムのユーザーフォーム

※ 付録

〔図付録 1.4〕プログラムの書き写し

　プログラムを書き写した後に Visual Basic の「実行」コマンドをクリックすれば，プログラムのユーザーフォームは図付録 1.5 に示すようになります．図に示すようにこのユーザーフォームの入力部に既にプログラムを走らせるために必要なパラメーターが自動に入力されています．これはプログラムの中にこれらのパラメーターが既に入力されていたためです．そしてユーザーフォームにあるオプションボタン「歯車 1 と 2」をクリックし，「計算」コマンドをクリックすれば，図付録 1.6 に示すようにユーザーフォームの出力部にプログラムで計算された歯車寸法が出力されます．

インボリュート曲線作成ソフト（外歯車−外歯車）

入力

		外歯車1	外歯車2
○ 歯車1	モジュール(m)	4	
○ 歯車2	圧力角（度）	20	
● 歯車1と2	歯数	20	30
	転位係数(x1 & x2)	0	0
	高歯係数	0	
	頂げき係数	0.25	
	ラックピッチ線上の歯厚係数	0.5	
	刃物歯先R係数	0.375	
	バックラッシュ[mm]	0	
	インボリュート曲線の分割点数	20	
	歯元隅肉曲線の分割点数	10	
○ 推薦ピン使用	ピン径(mm)		

計算　終了

出力

	外歯車1	外歯車2
歯先円直径(mm)		
ピッチ円直径(mm)		
かみあいピッチ円(mm)		
歯底円直径(mm)		
基礎円直径(mm)		
かみあい圧力角度(度)		
中心間距離(mm)		
かみあい率		
マタギ歯数		
マタギ歯厚(mm)		
理論ピン径(mm)		
OPM(偶数歯)		
OPM(奇数歯)		

〔図付録1.5〕 Visual Basic の「実行」コマンドをクリックした後の様子

インボリュート曲線作成ソフト（外歯車−外歯車）

入力

		外歯車1	外歯車2
○ 歯車1	モジュール(m)	4	
○ 歯車2	圧力角（度）	20	
● 歯車1と2	歯数	20	30
	転位係数(x1 & x2)	0	0
	高歯係数	0	
	頂げき係数	0.25	
	ラックピッチ線上の歯厚係数	0.5	
	刃物歯先R係数	0.375	
	バックラッシュ[mm]	0	
	インボリュート曲線の分割点数	20	
	歯元隅肉曲線の分割点数	10	
○ 推薦ピン使用	ピン径(mm)		

計算　終了

出力

	外歯車1	外歯車2
歯先円直径(mm)	88.000	128.000
ピッチ円直径(mm)	80.000	120.000
かみあいピッチ円(mm)	80.000	120.000
歯底円直径(mm)	75.583	115.017
基礎円直径(mm)	75.175	112.763
かみあい圧力角度(度)	20.000	
中心間距離(mm)	100.000	
かみあい率	1.605	
マタギ歯数	3.0	4.0
マタギ歯厚(mm)	30.6418	43.0105
理論ピン径(mm)	6.8978	6.8227
OPM(偶数歯)	89.5117	129.3241
OPM(奇数歯)	89.2570	129.1562

〔図付録1.6〕ユーザーフォームの「計算」コマンドをクリックした後の様子

− 257 −

⚙ 付録

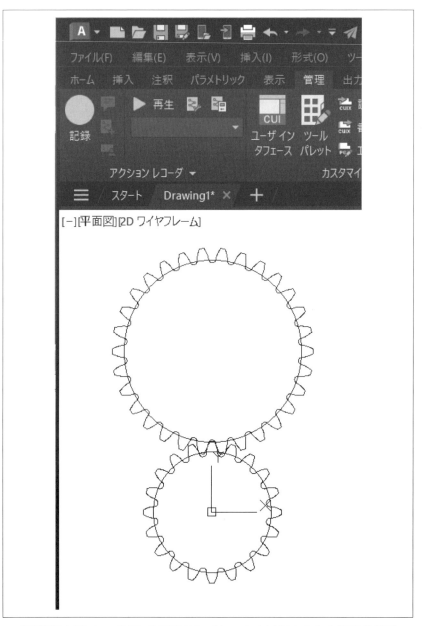

〔図付録 1.7〕AutoCAD の製図テンプレート上に出力された歯車の様子

そしてユーザーフォームにある「終了」コマンドをクリックすれば，AutoCAD の製図テンプレート上に図付録 1.7 に示す歯車形状が描かれます．

　保存されたプログラムを再度使用する場合には，次に示すように保存されたプログラムを AutoCAD か AutoCAD Mechanical ソフトウェアにロードしてから使ってください．図付録 1.8 に示すように「管理」タブをクリックしてから，「アプリケーション」タブをクリックしてください．そして図付録 1.9 に示すように「プロジェクトをロード」タブをクリックしてから，保存されたプログラムをロードしてください．

〔図付録 1.8〕「アプリケーション」からプログラムロード

〔図付録 1.9〕「プロジェクト」でプログラムロード

付録2：歯車及び軸設計の参考図面

歯車や軸の図面を簡単に作成できるようにするために，図付録2.1に示す3K型遊星歯車装置の一部の設計図面を参考資料として付録します．

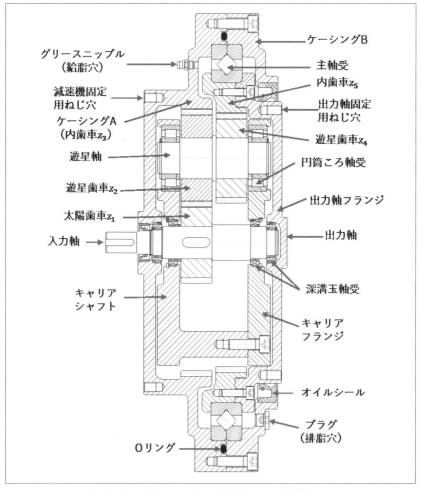

〔図付録2.1〕3K型遊星歯車装置の構造断面図

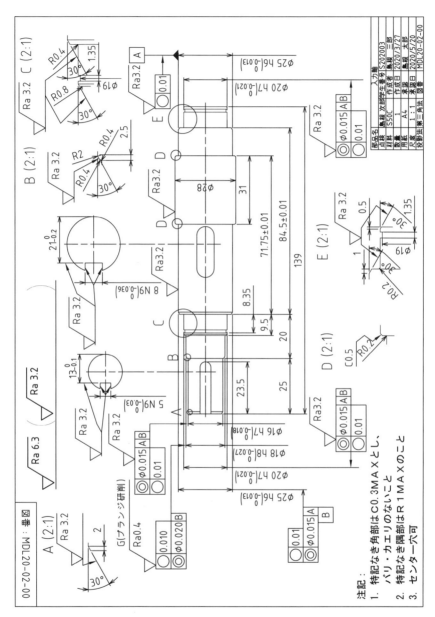

〔図付録 2.2〕入力軸の部品図

付録

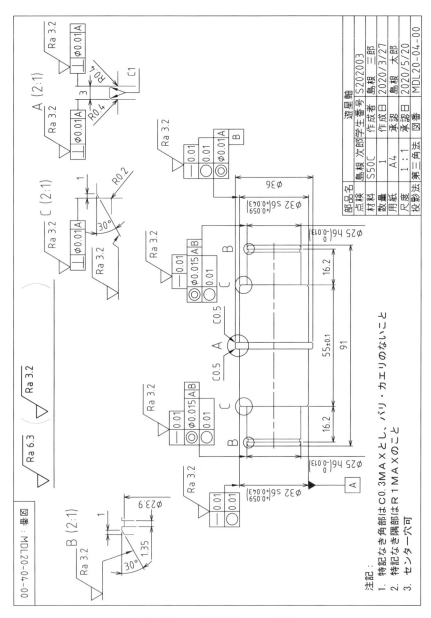

〔図付録 2.3〕遊星軸の部品図

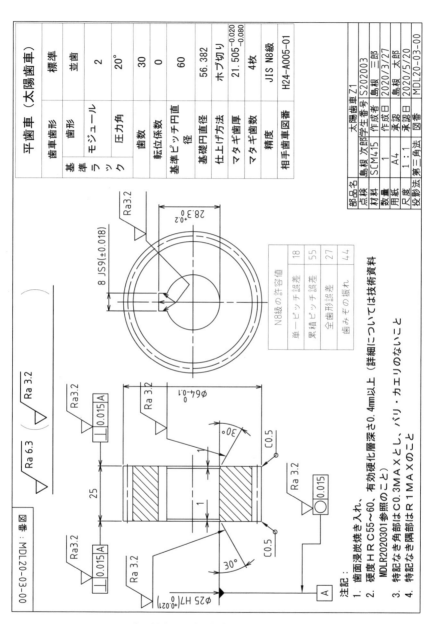

〔図付録 2.4〕太陽歯車の部品図

付録

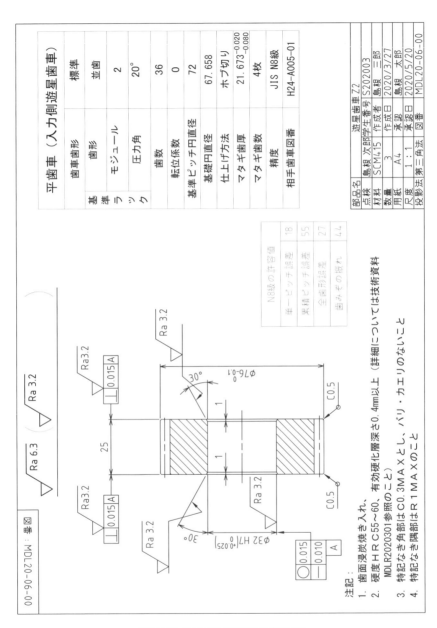

〔図付録 2.5〕遊星歯車の部品図

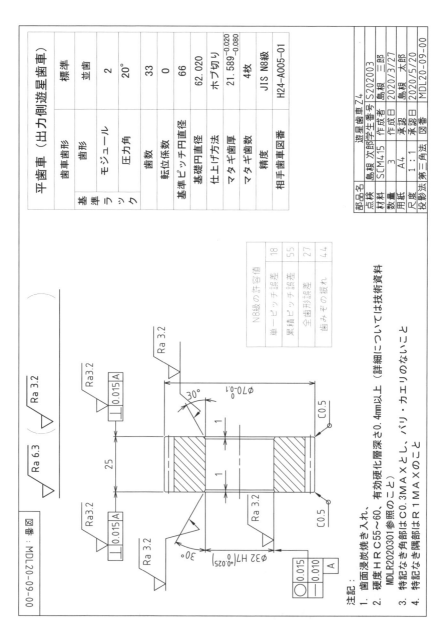

〔図付録2.6〕平歯車の部品図

参考資料：

(1) 小原歯車工業株式会社，歯車技術資料
(2) 小原歯車工業株式会社，製品カタログ
(3) 協育歯車工業株式会社，製品カタログ
(4) 一般社団法人日本歯車工業会，新歯車便覧，1991
(5) "李樹庭，AutoCAD に基づいた歯車装置の設計計算・製図ソフトの開発，日本機械学会 MPT2013 シンプジウム＜伝達装置＞2013"
(6) "中田孝，JIS 記号による新版転位歯車〔復刻版〕，社団法人日本機械学会，1994"
(7) 日本工業規格：JIS D 2001 自動車用インボリュートスプライン
(8) 日本工業規格：JIS B 1602 インボリュートセレーション
(9) 日本工業規格：JIS B 1603 インボリュートセレーション
(10) "小川潔，加藤功，「最新機械工学シリーズ 1 機構学」，森北出版株式会社，1971"
(11) "Shuting Li, Finite element analyses for contact strength and bending strength of a pair of spur gear with machining errors, assembly errors and tooth modifications, Mech. Mach. Theory, Vol. 42, Issue 1, 2007, pp. 88-114"
(12) "S. Li, Effects of machining errors, assembly errors and tooth modifications on load-carrying capacity, load-sharing rate and transmission error of a pair of spur gear, Mech. Mach. Theory, Vol. 42, Issue 6,2007, pp.698-726"
(13) "S. Li, Effect of addendum on contact strength, bending strength and basic performance parameters of a pair of spur gears, Mech. Mach. Theory, Vol. 43, Issue 12,2008, pp.1557-1584"
(14) "S. Li, Contact Stress and Root Stress Analyses of Thin-Rimmed Spur Gears with Inclined Webs, Trans. ASME, J. Mech. Des., Vol.134, 2012, pp.1-13"

(15)"S. Li, Effects of misalignment error, tooth modifications and transmitted torque on tooth engagements of a pair of spur gears, Mech. Mach. Theory, Elsevier Press, Vol. 83, 2015, pp.125-136"

(16) 榎本信助，材料強度用論，株式会社養賢堂発行，1984 年

(17) 成瀬政男，歯車の研究，養賢堂発行，pp.244-246, 1960

(18)"Darle W. Dudley, Handbook of Practical Gear Design, McGraw-Hill Book Company,1984, pp.2.26-2.28"

(19)"Dowson, D. and Higginson, G. R., Elasto-Hydrodynamic Lubrication, Pergamon Press, 1977"

(20)"兼田槇宏, 山本雄二共著，基礎機械設計工学（第 3 版)，理工学社出版，2010"

(21)"H.-H. Lin, R. L. Huston, J. J. Coy, On Dynamic Loads in Parallel Shaft Transmissions: Part I-Modelling and Analysis, J. Mech., Trans., and Automation. Vol. 110,1988, pp.221-225"

(22)"松本將，混合潤滑状態にある転がり‐すべり接触面の摩擦係数推定式，トライボロジスト，Vol.56，No.10, 2011，pp632-638."

(23)"久保 友実，李 樹庭，平歯車の熱処理表面有効硬化層深さの妥当性検討に関する研究，日本機械学会 2021 年度年次大会，千葉大学，2021 年"

(24) Gosho's socket screws，株式会社互省製作所カタログ，1994

(25)"J. Hamrock and D. Dowson, Ball Bearing Lubrication – The Elastohydrodynamics of Elliptical Contacts, John Wiley & Sons, Inc. 1981"

(26)"岡本純三著，ボールベアリング設計計算入門，日刊工業新聞社，2011"

(27)"S. Li, Strength analysis of the roller bearing with a crowning and misalignment error, Eng. Fail. Anal., Vol. 123, 2021, pp.1-15"

(28)"S. Li, A mathematical model and numeric method for contact analysis of rolling bearings, Mech. Mach. Theory, Vol. 119, 2018, pp.61-73"

(29) NOK 株式会社，製品カタログ「OIL SEALS」，2008

(30)"J. G. Blanche, D. C. H. Yang, Cycloid Drives with Machining Tolerances,

参考資料

J. Mech., Trans., and Automation. Vol.111(3),1989, pp.337-344"

(31)"石田武，李樹庭，他3名，サイクロイド歯車の歯面荷重に及ぼす歯幅，歯車の大きさ，誤差，負荷トルクの影響，日本機械学会中国四国支部山口地方講演会，講演論文集，No.955-2，1995年，pp.227-230."

(32)"T. Ishida, S. Li, T. Yoshida and T. Hidaka, Tooth load of thin rim cycloidal gear, The 7th ASME International Power Transmission and Gearing Conference, DE-VOL.88, SAN DIEGO, CALIFORNIA,1996, pp.565-571"

(33)"S. Li, Stress analysis and strength design method of a trochoidal gear reducer, The 11th World Congress in Mechanism and Machine Science (IFToMM-2003), Tianjin, China. Vol.2,2004, pp.818-823"

(34)"S. Li, Loaded gear contact analyses for pin gear reducers, The International Conference on Power Transmission (ICPT2011), 2011, China, Xi'an"

(35)"S. Li, Design and strength analysis methods of trochoidal gear reducers, Mech. Mach. Theory, Vol.81, 2014, pp.140-154"

索引

い
インボリュート干渉 · 18
インボリュート曲線 · 3
インボリュートスプライン · · · · · · · · · · · · · · · 28

う
内歯車 · 3

え
円筒ころ軸受 · 119

お
オーバピン径寸法 · 22

き
基準ラック · 3

さ
最悪かみあい位置 · 81
サイクロイド減速機 · 205

し
シェービング · 3
軸受の寿命 · 125

す
スプラインの強度 · 100

せ
設計計算 · 10
セミトッピング · 53

そ
創成法 · 3
速比 · 8

た
高歯歯車 · 80

つ
つる巻き線 · 35

と
トッピング加工 · 53
トロコイド干渉 · 19

ね
熱処理 · 83

は
歯形 · 3
歯形修整 · 55
歯切り · 3
歯車 · 3
歯車諸元 · 10
歯車装置 · 3
歯車の材質 · 83
歯先尖り · 15
歯先・歯元のスコーリング疲労強度 · · · · · 63
はすば歯車 · 3
歯の加工精度 · 56
歯面硬化処理 · 83
歯面の接触疲労強度 · 63
歯面摩擦力 · 73
歯元切下げ · 15
歯元の曲げ疲労強度 · 63

ひ
平歯車 · 3

ふ
深溝玉軸受 · 119

ほ
ホブカッタ · 3

ま
マタギ歯厚 · 21

ゆ
有限要素法 · 81
遊星歯車機構 · 159
油膜厚み · 131
油膜パラメータ · 71

R
RV 減速機 · 205

■ 著者紹介 ■

李 樹庭（り じゅてい）(Shuting Li)

1986 年　西北工業大学（中国）航空機製造工学科卒業
1989 年　西北工業大学大学院　機械学専攻博士前期課程修了
1989 年〜1994 年　西北工業大学　機械工学科　助教・講師
1998 年　山口大学　大学院　理工学研究科　設計工学専攻博士後期課程修了
2011 年　島根大学　総合理工学部　准教授
2022 年　島根大学　大学院　自然科学研究科　教授
現在に至る．博士（工学）

研究分野は機械要素設計，特に歯車装置・軸受の設計及び有限要素法による歯車・軸受の強度と振動解析．2018 年，インド政府の GIAN（Global Initiative of Academic Networks）プログラムに招待．

●ISBN 978-4-910558-31-8　　大阪公立大学　森本 茂雄・真田 雅之　著

設計技術シリーズ

省エネモータの原理と設計法
~永久磁石同期モータの基礎から設計・制御まで~
[改訂版]

定価4,620円（本体4,200円+税）

第1章　PMSMの基礎知識
1. はじめに
2. 永久磁石同期モータの概要
   2−1 モータの分類と特徴／2−2 代表的なモータの特性比較
3. 固定子の基本構造と回転磁界
4. 回転子の基本構造と突極性
5. トルク発生原理

第2章　PMSMの数学モデル
1. はじめに
2. 座標変換の基礎
   2−1 座標変換とは／2−2 座標変換行列
3. 静止座標系のモデル
   3−1 三相静止座標系のモデル／3−2 二相静止座標系（α−β座標系）のモデル
4. dq座標系のモデル
5. 制御対象としてのPMSMモデル
   5−1 電気系モデル／5−2 電気−機械エネルギー変換／5−3 機械系
6. 鉄損と磁気飽和を考慮したモデル
   6−1 鉄損考慮モデル／6−2 磁気飽和考慮モデル

第3章　電流ベクトル制御法
1. はじめに
2. 電流ベクトル平面上の特性曲線
3. 電流位相と諸特性
   3−1 電流一定時の電流位相制御特性／3−2 電流ベクトル一定時の電流位相制御特性／3−3 電流位相制御特性のまとめ
4. 電流ベクトル制御法
   4−1 最大トルク／電流制御／4−2 最大トルク／磁束制御（最大トルク／誘起電圧制御）／4−3 弱め磁束制御／4−4 最大効率制御／4−5 力率1制御／4−6 電流ベクトルと三相交流電流の関係
5. インバータ容量を考慮した制御法
   5−1 電流ベクトルの制約／5−2 電圧・電流制限下での電流ベクトル制御／5−3 電圧・電流制限下での最大出力制御／5−4 速度−トルク特性の概形と定数可変モータ

第4章　PMSMのドライブシステム
1. はじめに
2. 基本システム構成
3. 電流制御
   3−1 非干渉化／3−2 非干渉電流フィードバック制御／3−3 電流制御システム
4. トルク・速度・位置の制御
   4−1 トルクの制御／4−2 速度・位置の制御
5. 電圧の制御
   5−1 電圧形PWMインバータ／5−2 電圧利用率を向上する変調方式／5−3 デッドタイムの影響と補償
6. ドライブシステムの全体構成
7. モータ定数の測定法
   7−1 電機子抵抗の測定／7−2 永久磁石による電機子鎖交磁束の測定／7−3 dq軸インダクタンスの測定

第5章　PMSM設計の基礎
1. はじめに
2. 永久磁石・電磁鋼板
   2−1 永久磁石／2−2 永久磁石の不可逆減磁／2−3 電磁鋼板／2−4 モータへの適用時における特有の事項
3. 実際の固定子巻線構造
   3−1 分布巻方式／3−2 集中巻（短節集中巻）方式／3−3 分数スロット、極数の組み合わせ
4. 実際の回転子構造
   4−1 永久磁石配置／4−2 フラックスバリア／4−3 スキュー

第6章　PMSMの解析法
1. はじめに
2. 磁気回路と電磁気学的基本事項
3. パーミアンス法
4. 有限要素法
   4−1 有限要素法の概要／4−2 ポストプロセスにおける諸量の算出
5. 基本特性算出法
6. モータ定数算出法
   6−1 d軸位置と永久磁石の電機子鎖交磁束 Ψ_a／6−2 インダクタンス
7. S-T特性計算法
   7−1 基底速度以下／7−2 基底速度以上（弱め磁束制御）／7−3 基底速度以上（最大トルク／磁束制御）／7−4 鉄損の考慮／7−5 効率の計算

第7章　PMSMの設計法
1. はじめに
2. 設計のプロセス
3. 設計の具体例1（SPMSMの場合）
   3−1 設計仕様／3−2 設計手順
4. 設計の具体例2（IPMSMの場合）
   4−1 設計仕様／4−2 設計手順
5. 回転子構造と特性
   5−1 磁石埋込方法／5−2 埋込深さ／5−3 磁石層数／5−4 フラックスバリアの影響
6. 脱レアアースモータ設計
7. コギングトルク・トルクリプル低減設計
   7−1 フラックスバリア非対称化／7−2 異種ロータ構造の合成
8. 高効率化・小型化設計
   8−1 磁石配置による高効率化設計／8−2 強磁性磁石適用による高効率化・小型化設計／8−3 高速回転化・高性能磁性材料の適用による小径化・高効率化設計／8−4 ロータ機械強度向上設計／8−5 保磁力不足磁石適用時の耐減磁設計

発行／科学情報出版（株）

●ISBN 978-4-910558-22-6 　　　　　東京都立大学　棟方 裕一　著

エンジニア入門シリーズ

―はじめて学ぶ―
リチウムイオン電池設計の入門書

定価3,300円（本体3,000円+税）

第1章　リチウムイオン電池とは
1.1　基本構成と動作原理
1.2　代表的な正極活物質
　1.2.1　酸化物系材料
　1.2.2　ポリアニオン系材料
　1.2.3　高電位・高容量材料
1.3　代表的な負極活物質
　1.3.1　炭素系材料
　1.3.2　チタン酸リチウム
　1.3.3　合金系材料
1.4　導電助剤、バインダー
　1.4.1　導電助剤
　1.4.2　バインダー
1.5　電解液
　1.5.1　構成成分と特性
　1.5.2　被膜の形成と添加剤
1.6　セパレータ
1.7　集電体
　1.7.1　正極の集電体
　1.7.2　負極の集電体

第2章　電極の作製
2.1　電極仕様の決定
　2.1.1　容量、作動電位
　2.1.2　レート特性
　2.1.3　サイクル特性
2.2　構造と電気化学応答
　2.2.1　エネルギー密度とレート特性
　2.2.2　目的に応じた電極の設計
2.3　作製工程
　2.3.1　電極スラリーの調製
　2.3.2　分散性の評価
　2.3.3　塗工と乾燥
　2.3.4　プレスと切断
2.4　電極構造の確認、評価

第3章　電極の電気化学特性評価
3.1　試験セルの構成
　3.1.1　ビーカーセル
　3.1.2　コインセル
　3.1.3　ラミネートセル
3.2　電気化学測定
　3.2.1　サイクリックボルタンメトリー
　3.2.2　定電流充放電試験
　3.2.3　交流インピーダンス測定
　3.2.4　定電流間欠滴定法
　3.2.5　直流法と交流法の選択

第4章　電池の設計、試作と評価
4.1　用途と必要性能
4.2　正極と負極の組み合わせ、
　　　フルセルの作製
　4.2.1　フルセルの形式と特徴
　4.2.2　炭素系負極を用いたフルセルの設計
　4.2.3　$Li_4Ti_5O_{12}$負極を用いた
　　　　　フルセルの設計
　4.2.4　電解液の注液、電極の活性化
　4.2.5　定格容量、短絡の確認
4.3　劣化と安全性
4.4　電池特性の改善

第5章　環境デバイスとしての
　　　　　リチウムイオン電池
5.1　温室効果ガスの排出削減へ向けて
5.2　ライフサイクルアセスメント（LCA）
5.3　リチウムイオン電池製造のLCA
　5.3.1　正極活物質合成のLCA
　5.3.2　セル作製のLCA
5.4　電気自動車のLCA

発行／科学情報出版（株）

● ISBN 978-4-910558-30-1

名古屋大学　東中　竜一郎
rinna 株式会社　光田　航　著
NTTコミュニケーション科学基礎研究所　千葉　祐弥
名古屋工業大学　李　晃伸

エンジニア入門シリーズ

Pythonと大規模言語モデルで作る リアルタイムマルチモーダル対話システム

定価3,960円（本体3,600円+税）

第1章　対話システム
1－1　対話システムとは
1－2　リアルタイムマルチモーダル対話システムとは
1－3　一般的な対話システムのアーキテクチャ
1－4　リアルタイムマルチモーダル対話システムのアーキテクチャ
1－5　リアルタイムマルチモーダル対話システムツールキットRemdis
1－6　ツール・ソフトウェアのインストール
　1－6－1　APIキーの取得
　1－6－2　Windowsのインストール手順
　1－6－3　Macのインストール手順
　1－6－4　Windows/Mac共通のインストール手順
1－7　プログラムの起動

第2章　大規模言語モデルに基づくテキスト対話システム
2－1　大規模言語モデル
　2－1－1　大規模言語モデルの理論
　2－1－2　大規模言語モデルを用いた応答生成の実装
　2－1－3　大規模言語モデル差し替えの実装
2－2　リアルタイムテキスト対話システム
　2－2－1　リアルタイムテキスト対話システムの理論
　2－2－2　リアルタイムテキスト対話システムの実装
2－3　リアルタイムテキスト対話システムの改善
　2－3－1　応答生成（高速版）の実装
　2－3－2　自発的な発話生成の実装
2－4　本章のまとめ

第3章　音声対話システム
3－1　音声認識
　3－1－1　音声認識の理論
　3－1－2　ストリーミング音声認識システムの実装
3－2　音声合成
　3－2－1　音声合成の理論
　3－2－2　音声対話システムの実装
3－3　ターンテイキング
　3－3－1　ターンテイキングの理論
　3－3－2　Voice Activity Projection（VAP）
　3－3－3　リアルタイム音声対話システムの実装
3－4　本章のまとめ

第4章　マルチモーダル対話システム
4－1　マルチモーダル対話システム
4－2　マルチモーダル対話システムの理論
　4－2－1　入出力
　4－2－2　表出の方法
　4－2－3　エージェントの見た目のデザイン
4－3　MMDAgent-EX
　4－3－1　入手・準備
　4－3－2　基本的な操作
　4－3－3　コンテンツの構成
　4－3－4　メッセージによる制御
　4－3－5　ログの表示と保存
　4－3－6　動作スクリプト
　4－3－7　CGエージェントの表示
　4－3－8　モーションの再生
　4－3－9　オーディオの再生
　4－3－10　リップシンク付き音声再生
4－4　リアルタイムマルチモーダル対話システムの実装
　4－4－1　起動
　4－4－2　ファイルの構成
　4－4－3　同梱の3Dモデルについて
　4－4－4　main.mdf
　4－4－5　動作スクリプトの解説
　4－4－6　RabbitMQプラグイン
4－5　カスタマイズ方法
　4－5－1　リップシンクを調整する
　4－5－2　テキストや画像を提示する
　4－5－3　Remdisとの連携を拡張する
　4－5－4　開発情報

第5章　今後の展望
5－1　より知的な応答
5－2　実世界との紐づけ
5－3　多人数対話
5－4　リアルタイムに変化するシステム
5－5　共通理解
5－6　意図や欲求

発行／科学情報出版（株）

●ISBN 978-4-910558-29-5　　　奥谷 哲郎／田井 普／髙木 健太／中西 泰人 著

設計技術シリーズ

UnityとROS 2で実践するロボットプログラミング

ロボットUI/UXの拡張

定価3,960円（本体3,600円＋税）

第1章　UnityとROS 2について
1.1　ROS 2の概要
1.2　ロボットプログラミングにおけるUnity
1.3　UnityとROS 2の通信の概要

第2章　ROS 2の基本的なデータ通信
2.1　ROS 2の基本用語
2.2　ROS 2の通信方式
2.3　開発環境の準備
2.4　はじめてのROS 2
2.5　ROS 2でTurtleBot3を操作する
2.6　パッケージの作成
2.7　ROS 2のトピック通信
2.8　ROS 2のサービス通信
2.9　launchファイルについて
2.10　はじめてのロボットナビゲーション

第3章　UnityとROS 2の基本的なデータ通信
3.1　UnityとROS 2の通信で使うライブラリ
3.2　開発環境の準備
3.3　UnityとROS 2を接続する
3.4　UnityとROS 2のトピック通信
3.5　UnityとROS 2のサービス通信

第4章　MRゲームを作成する
4.1　サンプルプロジェクトの概要
4.2　Unityプロジェクトの準備
4.3　Unityを使ってロボットを走行させる
4.4　ロボットのシミュレーターを作成する
4.5　コイン取得の機能を作成する
4.6　カメラの画像を受信する

4.7　サーボモーターを操作する
4.8　完成版の動作確認
4.9　本章のまとめ

第5章　ナビゲーションUIを作成する
5.1　サンプルプロジェクトの概要
5.2　Unityプロジェクトの準備
5.3　マップを表示する
5.4　シミュレーターを作成する
5.5　Unityでゴールを設定する
5.6　UnityからROS 2にゴールを送信する
5.7　中継ノードを作成する
5.8　コストマップを可視化する
5.9　完成版の動作確認
5.10　本章のまとめ

第6章　複数台ロボットのナビゲーションUIを作成する
6.1　サンプルプロジェクトの概要
6.2　ROS 2で複数のロボットを扱う方法
6.3　複数台のTurtleBot3のｂｒｉｎｇｕｐ
6.4　Navigation2を複数台に対応させる
6.5　Unityで複数台ナビゲーションを実行する
6.6　完成版の動作確認
6.7　本章のまとめ

第7章　VR/ARでロボットを操作する
7.1　サンプルプロジェクトの概要
7.2　Unityプロジェクトの準備
7.3　Meta Quest 2とPCをQuest Linkで接続する
7.4　VR用のカメラを配置する
7.5　シミュレーターを作成する
7.6　マップを表示する
7.7　VR空間でゴールを設定する
7.8　初期位置とゴールを送信する
7.9　ロボットのカメラ画像を表示する
7.10　VRバージョンの動作確認
7.11　パススルー機能で周囲環境を確認する
7.12　LiDARのスキャンデータを可視化する
7.13　ARバージョンの動作確認
7.14　本章のまとめ

第8章　UnityとROS 2を使った研究プロジェクトの紹介
8.1　Boomshin
8.2　Projectoroid
8.3　AmplifiedTeacup

発行／科学情報出版（株）

エンジニア入門シリーズ
設計から強度計算まで学ぶ
歯車の実用設計

2025年2月20日　初版発行

著　者	李 樹庭	©2025

発行者　　松塚 晃医

発行所　　科学情報出版株式会社
　　　　　〒300-2622　茨城県つくば市要443-14 研究学園
　　　　　電話　029-877-0022
　　　　　http://www.it-book.co.jp/

ISBN 978-4-910558-39-4　C2053
※転写・転載・電子化は厳禁
※機械学習、AI システム関連、ソフトウェアプログラム等の開発・設計で、
　本書の内容を使用することは著作権、出版権、肖像権等の違法行為として
　民事罰や刑事罰の対象となります。